工业和信息化部"十四五"规划教材

 西安交通大学 XI'AN JIAOTONG UNIVERSITY | 本科"十四五"规划教材

压水堆核电厂燃料管理

主编 吴宏春 曹良志
参编 祖铁军 李云召 咸春宇

U0282262

西安交通大学出版社 XI'AN JIAOTONG UNIVERSITY PRESS 西北工业大学出版社

图书在版编目(CIP)数据

压水堆核电厂燃料管理/吴宏春,曹良志主编. — 西安:
西安交通大学出版社,2021.8(2022.7 重印)
ISBN 978 - 7 - 5693 - 1776 - 3

Ⅰ.①压… Ⅱ.①吴… ②曹… Ⅲ.①压水型堆—核电厂—
核燃料管理 Ⅳ.①TL249

中国版本图书馆 CIP 数据核字(2020)第 164593 号

YASHUIDUI HEDIANCHANG RANLIAO GUANLI

书　　名	压水堆核电厂燃料管理	
主　　编	吴宏春　　曹良志	
责任编辑	田　华	
责任校对	邓　瑞	
装帧设计	伍　胜	
出版发行	西安交通大学出版社	
	(西安市兴庆南路 1 号　邮政编码 710048)	
网　　址	http://www.xjtupress.com	
电　　话	(029)82668357　82667874(市场营销中心)	
	(029)82668315(总编办)	
传　　真	(029)82668280	
印　　刷	西安日报社印务中心	
开　　本	787mm×1092mm　1/16　印张 10.875　字数 259 千字	
版次印次	2021 年 8 月第 1 版　2022 年 7 月第 2 次印刷	
书　　号	ISBN 978 - 7 - 5693 - 1776 - 3	
定　　价	35.00 元	

序

 核能在我国经过 50 多年的发展，目前已经进入了快速发展时期。现在，我国大陆地区已经建成核电机组 47 台，总数已经跃居世界第三，仅低于美国和法国，另有在建机组 14 台。同时，还有多个核电机组正在规划，预计未来将会有更多核电机组投入建设和运行。核电厂一旦投入运行，需要定期换料。由于核燃料对于核电厂经济性和安全性具有至关重要的影响，核燃料管理是核电厂运行期间非常重要的一项工作。

 在我国核能大发展的背景下，急需培养一批基础理论扎实、专业知识丰富的高水平燃料管理人才。西安交通大学长期从事核科学与技术基础理论研究和人才培养，为我国核工业输送了大量的优秀人才。学校一直非常重视教材质量，在教材建设方面具有非常优良的传统，为我国核能人才培养做出了重要贡献。以吴宏春教授作为学术带头人的核工程计算物理实验室，传承和发扬"西迁精神"，多年来一直默默耕耘在核反应堆物理和核燃料管理的教学科研一线，产生了一大批教学科研成果。本书就是该团队的又一项成果，必将对我国核燃料管理的人才培养产生重要影响。

 通览全书，既包含了核燃料循环的总体概貌，又深入分析了燃料管理的计算方法和优化方法；既有数值计算理论，又有工程实践中的堆芯核设计、换料与安全评价。真正做到了宏观与微观相结合、理论与实践相结合。本书还包含了目前国内外换料优化智能方法以及我国自主三代核电"华龙一号"的最新研究成果，对于从事核燃料管理的从业人员具有很好的参考价值。

 因此，我郑重将本书推荐给国内相关高校的学生和从事核燃料管理相关工作的科技工作者们。

罗琦

2020 年 6 月 15 日

前　言

一座核电厂的建造周期大约为 4～6 年,建成之后,将运行 40～60 年。在这期间,堆芯燃料管理和换料优化是伴随其整个生命周期的重要工作内容,对确保核电站的安全性、提高经济性具有决定性作用。因此,国际上各大核电供应商都非常重视核电厂堆芯燃料管理和换料优化工作。

截至 2020 年 5 月,我国大陆地区在运核电机组达 47 台,其中 45 台为压水堆;在建机组 14 台,其中 12 台为压水堆,各大核电集团的堆芯燃料管理业务量都非常大,对扎实掌握燃料管理基本知识、熟悉燃料管理和换料优化思想的人才需求非常大。按照我国核电发展规划,这一需求量在未来相当长一段时间内还会持续增加。为了适应这一需求,西安交通大学自 2005 年开始,就在本科生教学计划中开设了"核电厂燃料管理与优化"课程,重点介绍与核电工程实际紧密相关的核反应堆燃料管理知识,以增强学生对核电厂工程实际的理解和认知,为核电行业培养实践能力强、理论功底深厚的工程技术人员。

经过多年的教学实践与探索,这门课程已经形成了一套相对完善的知识体系,本书就是在这门课程教学讲义的基础上编写而成的,包括了核反应堆燃料管理的基本概念、核燃料循环总体概念、单循环燃料管理与优化、多循环燃料管理与优化、燃料管理计算方法简介、堆芯核设计、换料堆芯安全评价、反应堆启动与物理试验等内容。为了增强学生对于核电站实际燃料管理方案的直观认识,本书还专门邀请华龙国际有限公司总工程师咸春宇研究员编写了"华龙一号"的燃料管理方案。

本书在编写过程中,尽量避免复杂的数学推导,从基本的反应堆物理知识出发,特别注重基本物理概念的阐述,以及基本概念与工程实践的结合,并尽可能结合目前行业的最新发展动态和未来趋势。本书既可作为核能专业本科生或研究生教材使用,也可作为从事核反应堆燃料管理及相关工作人员的参考资料。

本书由西安交通大学吴宏春教授和曹良志教授共同编写。其中吴宏春教授确定了本书的总体框架并撰写了第 3、4、6、7、8 章的主要内容,曹良志教授负责全书的统稿、编排及第 1、2、5

章主要内容和第 9 章部分内容的撰写。西安交通大学李云召教授参与了第 5 章部分内容的编写,祖铁军副教授参与了第 6、7、8 章的编写,华龙国际有限公司总工程师咸春宇研究员撰写了第 9 章的部分内容。本书编写得到了中国工程院罗琦院士的亲切指导,他还亲自为本书作序。西安交通大学核工程计算物理实验室的郑友琦教授、刘宙宇副教授、贺清明副教授、万承辉副教授,以及研究生李帅铮、高思达、张好雨、雷铠灰、黄展鹏、刘潇岳、秦浚玮、董文昌、吕佳辉等参与了本书的校对工作。本书的出版得到了西安交通大学出版社田华副编审的大力帮助。作者在此一并表示感谢。

由于编者水平有限,本书难免有不妥之处,恳切希望读者批评指正。

编 者

2021 年 6 月

目　录

第 1 章

绪　论

核反应堆(本书仅指裂变反应堆)是指一种能实现可控的自持链式裂变反应的装置,其英文名称是"Nuclear Reactor",中文之所以翻译成"核反应堆"是因为世界上第一座核反应堆——芝加哥一号堆(Chicago Pile-1)是由一堆黑色"砖块"和木料"堆"起来的。而日文却翻译成"原子炉",这是因为他们将核反应堆中通过链式裂变反应释放热量这一物理现象形象地理解成一个"烧原子的炉子"。事实上,核反应堆就是像炉子一样,需要"燃烧"核燃料。

常规电厂每年要消耗大量的化石燃料(主要是煤),单位质量化石燃料的价格比较低廉,并且燃料在能量转化过程中只停留很短暂的时间。与之相反,单位质量的核燃料拥有巨大的能量,约为同等质量煤燃料所能释放能量的 270 万倍。燃料元件是核燃料的载体形式,其制造周期长、成本高,与化石燃料相比,燃料元件的制造、生产成本非常高昂。另一方面,燃料元件在核反应堆内停留的时间很长,一般要经过若干个燃料循环(约 3～5 年)。一座百万千瓦级的商用压水堆一般可装载 80 吨左右核燃料,核电厂的设计寿命一般在 40～60 年,通过设备维修和更换,一般可延寿运行至 60～80 年。在压水堆运行期间,核燃料的成本是决定核电厂经济性的非常重要的因素之一。因此,如何选择先进的燃料管理策略,充分地利用核燃料,以实现降低核燃料的采购成本和运行费用,对于提高核电的经济性有着极其重要的意义。

核反应堆燃料管理策略的决策是一个牵涉到采矿、冶矿、化工、机械、物理、环境和管理等多学科、多领域的复杂问题。本书着重从核反应堆物理的角度出发,重点探讨压水堆核电厂堆芯燃料管理中的分析理论、设计方法和模拟步骤。

1.1　核电厂与核燃料

图 1-1 是一个典型的压水堆核电厂的结构示意图。图 1-2 是其中堆芯的结构示意图。

燃料芯块是燃料元件的最小组成单元,通过研磨、冷压和高温烧结等制造工序加工成 UO_2 的陶瓷圆柱块,典型压水堆燃料芯块直径约 0.8 cm、高度约 1.0 cm。燃料元件是由燃料芯块、包壳、压紧弹簧、气腔以及上下端塞等构成的棒状单元,如图 1-3 所示。一根典型的压水堆燃料元件的直径约 1.0 cm、高度约 400 cm,燃料芯块的堆积高度约 360 cm。燃料组件是由一系列的燃料元件、仪表管(可插入中子探测器和测温计等测量仪表)和导向管(可插入控制棒、可燃毒物和阻流塞等构件)组合而成的集合体,一般排列成正方形或者正六边形,由定位格架及上下管座将其固定,如图 1-4 所示。例如,一个典型的正方形压水堆燃料组件包括 264 根燃料元件、24 个导向管和 1 个仪表管,如图 1-5 所示。堆芯由一定数量的燃料组件排列构成,如图 1-6 所示。冷却剂从反应堆压力容器入口处流入,经过旁流通道进入下腔室,然后自下而上流过燃料元件表面,带走燃料芯块内核燃料裂变产生的热量,并通过冷却剂出口流出。

堆芯顶部是控制棒的驱动机构,用于驱动调整控制棒组在堆芯轴向的位置。

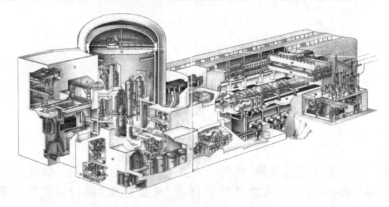

图 1-1　压水堆核电厂结构示意图

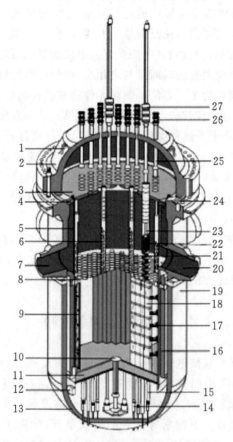

1—吊装耳环;2—压力容器顶盖;3—导向管支承板;4—内部支承凸缘;5—堆芯吊篮;

6—上支承柱;7—进口接管;8—堆芯上栅格板;9—围板;10—进出孔;11—堆芯下栅格板;

12—径向支承件;13—压力容器底封头;14—仪表引线管;15—堆芯支承柱;16—热屏蔽;

17—围板;18—燃料组件;19—反应堆压力容器;20—出口接管;21—控制棒束;

22—控制棒导向管;23—控制棒驱动杆;24—压紧弹簧;25—隔热套筒;

26—仪表引线管进口;27—控制棒驱动机构。

图 1-2　压水堆堆芯结构示意图

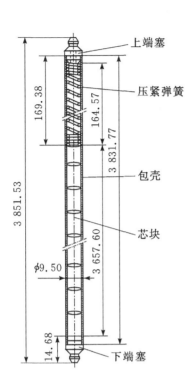

图1-3 燃料元件(单位:mm)

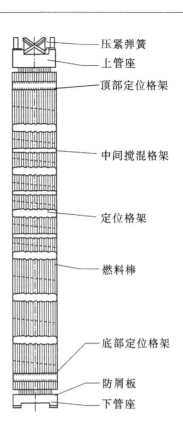

图1-4 燃料组件结构图

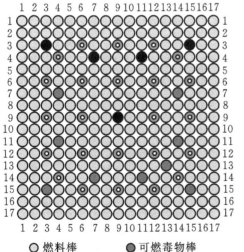

○ 燃料棒 ● 可燃毒物棒
◎ 控制棒导向管 ● 测量导向套管

图1-5 燃料组件组成

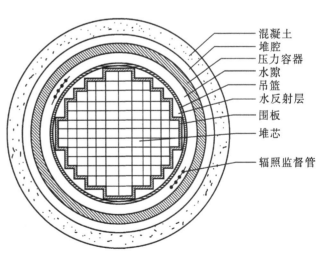

图1-6 堆芯剖面图

核反应堆的能量源于某些重金属核素发生裂变反应后的质量亏损转换成的能量,这些重金属核素即是核燃料的主要成分。重金属核素的裂变现象包括自发裂变和诱发裂变两种:自发裂变指原子核在无外来粒子轰击的条件下自行发生的裂变,其裂变概率取决于重金属核素的裂变位垒;诱发裂变指在具有一定能量的外来粒子,包括中子、光子、质子和重离子等的轰击下,重金属原子核发生的裂变现象。在核反应堆中,主要发生的是中子轰击重金属核素原子核的诱发裂变:一个重金属核素的原子核在俘获一个中子后,形成激发的复合核,该复合核在发射粒子退激后可能会裂变成两个或者多个中等质量的核素原子核(称之为裂变碎片或裂变产物),同时释放出一定的能量和若干数量的中子。通常重金属核素的裂变过程会产生两个、三个或四个裂变碎片,分别称为"二分裂变""三分裂变"或"四分裂变",三分裂变一般是二分裂变概率的千分之三,四分裂变概率则更小,在核反应堆中以二分裂变为主。

在众多的重金属核素中,^{233}U、^{235}U、^{239}Pu、^{241}Pu、^{232}Th、^{238}U 和 ^{240}Pu 等核素具有这种裂变的物理性质。在这些核素中,^{233}U、^{235}U、^{239}Pu 和 ^{241}Pu 等在各种能量中子的轰击下均能发生裂变反应,并且在低能量中子作用下发生裂变的可能性更大,通常将其称为易裂变同位素。而 ^{232}Th、^{238}U 和 ^{240}Pu 等核素只有在能量高于某一阈值的中子作用下才能发生裂变反应,通常将其称为可裂变同位素。

目前,压水堆中最常用的核燃料是易裂变同位素 ^{235}U。中子诱发的 ^{235}U 裂变反应表示为

$$^{235}_{92}U + ^1_0n \rightarrow (^{236}_{92}U)^* \rightarrow ^{A1}_{Z1}X + ^{A2}_{Z2}X + \nu ^1_0n$$

式中:$^{A1}_{Z1}X$、$^{A2}_{Z2}X$ 为裂变反应产生的两个中等质量数裂变产物;ν 为每次裂变平均释放的中子数,对于 ^{235}U 的裂变,$\nu \approx 2.43$。在上述裂变过程中,由于质量亏损将释放出约 200 MeV 的能量,该能量具体包括:裂变产物的动能、瞬发/缓发中子的动能、瞬发/缓发光子能量以及 β 射线的能量等。但是,值得注意的是,^{235}U 核素原子核在吸收中子后并不全部发生核裂变,除产生上述裂变反应外还可能发生辐射俘获反应:

$$^{235}_{92}U + ^1_0n \rightarrow (^{236}_{92}U)^* \rightarrow ^{236}_{92}U + \gamma$$

在现有的易裂变和可裂变同位素中,只有 ^{235}U、^{232}Th 和 ^{238}U 是天然界存在的,其他同位素均需人工生成。因此,如果只依靠利用天然的 ^{235}U,核燃料很快会枯竭。但可裂变同位素俘获一个中子后可转换成易裂变同位素,如 ^{232}Th 俘获一个中子并经过两次衰变后可变成 ^{233}U,^{238}U 俘获一个中子并经过两次衰变后可变成 ^{239}Pu,^{240}Pu 俘获一个中子后变成 ^{241}Pu 等。利用可裂变和易裂变同位素之间的这一转化的物理性质,可以实现核燃料的转换与增殖,保障核燃料的长期供应。

1.2　堆内燃料管理的任务

核燃料是核电厂能量转化和发电的核心,由于矿产稀缺、加工制造工艺复杂等因素,核燃料价格高昂,是制约核电厂经济性的关键因素。因此,如何在满足核电厂电力系统能量需求以及核电厂安全运行的设计规范和技术要求的限制内,通过选择先进的燃料管理策略,尽可能地提高核燃料的利用率,以降低核电厂的单位发电量的燃料成本,是一个关系到核电厂经济性的重要研究课题,也是核燃料管理的主要任务。

核反应堆物理在压水堆燃料管理过程中至关重要,其相关的理论方法是换料核设计的基础,同时为堆芯换料安全评估事故分析提供堆芯物理参数的边界。因此,后文将着重探讨燃料管理过程中直接与反应堆物理相关的基本理论方法。

1.2.1 燃料管理的几个基本概念

在堆芯装载新燃料后,压水堆核电厂可以维持一段时间的运行,例如 12 个月或 18 个月,然后停堆换料,在堆芯内装载新的核燃料。为了保证连续两次换料期间堆芯的持续运行,每次换料装载进堆芯的核燃料量均远超过堆芯临界所需的核燃料量,即核反应堆具备多余的反应性。此时,为了保持运行期间核反应堆处于临界状态,必须采用控制毒物以补偿核燃料多余的反应性。压水堆中常用的控制毒物包括:可燃毒物棒、硼酸溶液和控制棒等。将堆芯中使用的控制毒物全部去掉,反应堆所具备的反应性的大小定义为剩余反应性。随着核反应堆的运行,核燃料将不断地消耗,堆芯剩余反应性也将逐渐地减小。当堆芯剩余反应性降低到 0 时,通过减少控制毒物的方式再也无法维持反应堆的临界运行,此时堆芯需要停堆换料。将核反应堆从新的燃料组件装载到停堆换料堆芯满功率运行的时间定义为循环长度,单位为等效满功率天(Equivalent Full Power Day,EFPD),其在数值上等于反应堆在一个运行循环内输出的总能量除以堆芯的名义功率。定义核反应堆连续两次停堆换料之间的时间间隔为一个换料周期,在反应堆持续以满功率运行的条件下,换料周期等于循环长度。压水堆核电厂的换料周期的选择通常是根据电厂的能源需求、反应堆的堆芯设计状况以及用电的峰期等因素确定的。例如,目前核电厂普遍采用 12 个月或 18 个月的换料周期,是考虑到核电厂每次的停堆换料时间刚好在用电低峰期的春季或秋季而做出的选择。

通常用燃耗深度表征核燃料在核反应堆中受辐照程度和释放能量的大小,单位为 MW·d/tU(兆瓦天/吨铀)。从单位定义可知,燃耗深度是装入堆芯的单位重量核燃料所产生能量的指标参数,也是核燃料贫化程度的度量。从堆芯中卸出的核燃料所达到的燃耗深度称为卸料燃耗深度,通常用 B_d 表示。从提高核电厂运行的经济性角度出发,总是希望卸料燃耗深度数值越大越好。但是,燃料组件燃耗的加深会直接引发一系列的问题:腐蚀增加、吸氢增加、芯块肿胀、辐照生长和导热恶化等,燃料组件的物理性能和机械性能随燃耗加深不断地恶化,极大地增加了压水堆在稳态运行和预期瞬态下的失效概率,直接威胁核反应堆的安全性。因此,为保证核反应堆运行中的安全性,人们根据燃料组件的材料性能,规定了核电厂最大的允许卸料燃耗深度。在压水堆 60 余年的发展历史中,燃料组件的卸料燃耗深度从早期的 10~15 GW·d/tU 被不断地提高到目前 50~55 GW·d/tU 的水平。目前,国际上最新型的高性能燃料组件,包括法玛通 AFA3G、西门子 HTP、西屋公司 PERFORMANCE 等的辐照考验燃耗深度均已达到了 60~70 GW·d/tU 的水平。随着设计制造技术及核材料科学的不断发展,燃料组件可承受的燃耗深度不断地提高,组件的卸料燃耗限值也将随之提高。

由于核反应堆内中子通量密度分布的不均匀,堆芯中心区域的功率密度较高,而靠近堆芯边缘组件的功率密度较低。因此,堆芯内各个燃料组件的燃耗程度各不相同。为了提高核燃料的利用率,反应堆内的燃料组件通常分批卸出堆芯,每次停堆换料往往只将燃耗深度已经达到或接近允许限值的燃料组件卸出堆芯,而其余燃耗较浅的燃料组件则继续进入下一循环的堆芯运行。上述的压水堆换料方式称为分批换料,并且将同时进入和卸出堆芯的燃料组件称为同一批燃料。

设反应堆内燃料组件的总数为 N_T,每次换料更换的燃料组件数量为 N,则定义 $N_T/N=n$ 为批料数,称 N 为一批换料量。如秦山核电厂,其堆芯共有 121 个燃料组件,则批料量为 40 或 41 的换料方案都是 3 批换料方案。显然,批料数 n 或一批换料量 N 是核燃料管理中十分重要的决策变量。在循环长度固定不变的情况下,提高批料数 n 可增加燃料在堆芯内总的辐照时间,从而加深燃料的平均卸料燃耗深度,但同时也必须提高新燃料的富集度。目前的压水堆核电厂大部分都采用 3 批或 4 批换料。

全堆芯所有的核燃料在经历了一个堆芯运行循环后所净增的平均燃耗深度称为循环燃耗,用 B_c 表示。设堆芯运行的循环长度为 C_L(EFPD),则循环长度(C_L)和循环燃耗(B_c)之间的关系式为

$$B_c = \frac{P \cdot C_L}{W_T}$$

式中:P 为反应堆的名义功率(MW);W_T 为堆芯初始的铀装量(t)。

同一批燃料组件在最后卸出堆芯时达到的平均卸料燃耗深度称为这批料的平均卸料燃耗。在最大卸料燃耗深度允许范围内,燃料组件的平均卸料燃耗深度越大,核燃料的成本就越低。因此,人们都设法提高平均卸料燃耗深度,具体的措施有:采用不同富集度的核燃料进行分区装料;采用硼酸溶液来控制反应性和展平功率分布;选用在高温、高辐照条件下稳定性较好的二氧化铀和碳化铀来做燃料元件芯块;选取适当的芯块密度,以利于裂变气体的释放和防止密集化效应;选用稳定性较好,吸收截面较小的材料(如锆合金)做燃料元件的包壳材料;改进燃料元件的加工工艺,提高加工精度等。

1.2.2　堆内燃料管理的内容

核电厂堆芯燃料管理的主要任务是:在满足电力系统的能量需求和核燃料资源组成的约束下,根据核电厂设计规范和技术要求,为核电厂一系列的运行循环作出满足经济性和安全性的全部堆芯换料决策。核电厂堆芯燃料管理的核心问题在于如何在保证堆芯安全运行的条件下,使核电厂的单位发电成本最小化。

具体地说,堆芯核燃料管理主要包括以下三个阶段的工作。

1. 初步堆芯燃料管理策略及换料方案

该阶段工作的目标在于初步确定堆芯燃料管理策略及堆芯换料方案。通常采用计算效率高的软件,建立能够保证所需精度的计算模型对成百上千个堆芯换料方案进行初步的评价和筛选,确定能够满足要求的初步堆芯换料方案。该阶段的工作重点是决策确定以下关键变量:

(1)批料数 n 或一批换料量 N;

(2)循环长度 T;

(3)新燃料的富集度 ε;

(4)循环功率水平 P;

(5)燃料组件在堆芯的装载方案 A;

(6)控制毒物在堆芯的布置和控制方案 P。

上述的这些关键变量之间存在着密切的非线性关系,(1)~(4)这 4 个变量之间的耦合关系尤为强烈。值得强调的是,在核电厂采取分批换料方案时,一个燃料组件往往要在堆芯内经历多个燃料循环才能卸出堆芯,由此将导致各燃料循环之间存在强烈的非线性耦合关系。因此,在上述关键变量决策优化中,必须进行多个燃料循环(至少 3 个循环)的耦合分析。此外,由于燃料组件可布置在堆芯内不同的位置上,因而在对变量(5)和(6)进行决策时,需要进行堆芯二维或三维的数值模拟分析,充分考虑空间位置的影响。因此,核燃料管理是一个涉及多维

度(变量)、多级(循环)和多维(空间)的决策过程,在数学上是一个复杂的优化问题。

为了实现对上述关键变量的决策优化,根据各变量之间在时空上的依赖程度,一般采用脱耦的方法将变量决策优化分解为对变量(1)～(4)和(5)、(6)进行决策的两个相对独立的步骤。其中,变量(1)～(4)受燃料在堆芯内的空间布置影响较小,燃料组件在堆芯内的空间影响仅以每批燃料的特性简单考虑,即采用所谓的"点堆"模型,人们将这部分的燃料管理变量的决策称为多循环燃料管理。而在对变量(5)、(6)决策优化时,则详细地考虑燃料组件和控制毒物在堆芯内的空间布置的影响,但暂时不考虑不同循环之间的相互影响,即采用所谓的二维或三维模型,人们将这部分的燃料管理变量的决策称为单循环燃料管理。图1-7给出了上述两个部分燃料管理变量决策优化的迭代流程。

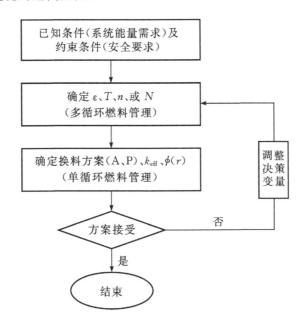

图 1-7　燃料管理计算示意图

2. 最终换料堆芯的全面核设计

该阶段的工作目标在于通过精确的物理建模和数值模拟,确定堆芯换料方案的关键物理量能否满足换料核设计的要求。基于初步堆芯换料方案,采用精确的堆芯物理/热工水力计算软件对经过筛选的堆芯换料方案进行全面的、精确的数值模拟和评价,即对堆芯换料方案进行最终的核设计分析评价。最终堆芯换料方案的全面核设计重点关注以下堆芯关键物理量:

(1)反应堆临界和启动物理试验物理量,包括临界硼浓度、控制棒价值、慢化剂温度系数、等温温度系数和功率分布等;

(2)反应堆动态特性参数,包括中子代时间、缓发中子份额、堆芯倍增周期等;

(3)堆芯的燃耗特性,确定燃料循环内各时间段核燃料组分、堆芯反应性或临界硼浓度、堆芯功率分布、功率峰因子(热点因子和核焓升因子)等随时间的变化规律;特定燃耗下,包括循环初(Beginning of Cycle, BOC)、循环中(Middle of Cycle, MOC)和循环末(End of Cycle EOC)堆芯功率能力、反应性系数、控制棒微积分价值、停堆裕量分析等;

(4)反应堆的反应性控制和运行图。

上述堆芯关键物理量的数值模拟和分析需要依赖于精确的堆芯物理/热工水力的数值模型及堆芯核设计软件,这些软件在应用前需要经过严格的软件验证和确认工作。目前,国际上成熟的压水堆核设计软件系统主要包括:法玛通的 SCIENCE 软件、西屋公司的 APA 软件和 Studsvik 公司的 CASMO/SIMULATE 软件等。

3. 换料堆芯的安全评价

该阶段的工作目标在于确定堆芯换料方案在发生设计基准事故情况下,相关的安全设计准则能否得到满足。由于各燃料循环确定的换料堆芯的状态(包括燃料组件和控制毒物的布置、组件燃耗特性等)和核电厂设计阶段所提供的最终安全分析报告(Final Safety Analysis Report,FSAR)中所描述的堆芯状态有所差别,必须在 FSAR 的基础上对堆芯关键安全参数进行限制检验,检验的范围包括堆芯 Ⅰ 类/Ⅱ 类正常运行和特定堆芯事故。在堆芯关键安全参数出现超限时,必须重新进行相关事故的再分析工作,以确保换料堆芯运行的安全性。

1.3　压水堆核燃料管理的工作计划

核电厂燃料管理与常规电厂存在很大的差异性,首先,常规电厂使用的化石燃料的开采和加工相对简单,而核电厂使用的核燃料的天然铀开采、加工、铀浓缩以及燃料元件制作、装配等需要经历很长的时间周期,一般需要在核电厂停堆换料前 23~26 个月就要开始浓缩铀订货工作,并且在停堆前 18 个月完成组件的订购工作;其次,核电厂堆芯换料方案设计优化及换料堆芯核设计分析均需要经历若干个月的时间;最后,核电厂每次堆芯换料后还必须重新对其运行安全性进行评价,并且报国家核安全部门审评,经批准获得许可证之后才能进行堆芯换料工作。因此,核电厂的燃料管理工作往往是在上一个燃料循环开始之初,核反应堆物理专业领域的工程师就必须开始下一个燃料循环的换料工作。

核电厂的燃料管理涉及的部门和工作非常广泛,按照时间顺序主要可以分为三个阶段,如图 1-8 所示。

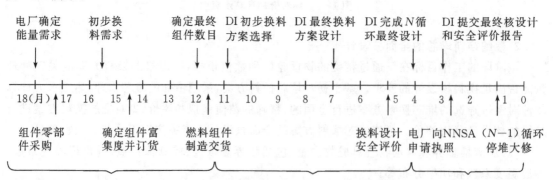

注:DI (Design Institute)为核设计单位;NNSA(National Nuclear Safety Administration)为国家核安全主管部门。

图 1-8　第 N 循环燃料管理与换料设计计划进度示意图

第一阶段:核燃料及组件订货采购。核电厂或电力公司提出 N 循环的能量需求,确定所需燃料组件的富集度及组件数量,核电厂向燃料供应部门提出浓缩铀需求并完成燃料组件的订货。燃料供应部门则根据核电厂提供的最终组件数量，完成燃料组件的制造以及交货。根据我国压水堆核电厂的运行经验，该阶段的工作需要在 N 循环堆芯换料前 12～18 个月完成。

第二阶段：堆芯换料方案设计分析。核电厂根据 $(N-1)$ 循环每月燃耗预测机组满功率条件下的停堆时间，初步确定机组停堆大修的日期。根据发电计划、堆芯剩余反应性以及初步停堆时间，核电厂确定 N 循环最终循环长度需求，以及 $(N+1)$ 和 $(N+2)$ 循环的预计长度需求，并向核设计单位提供 N 循环换料设计所需的 $(N-1)$ 循环堆芯运行历史数据。核设计单位则按照核电厂 $(N-1)$ 循环的运行状况以及后续循环的发电需求，完成 N、$N+1$、$N+2$ 燃料循环堆芯换料方案的设计以及安全评价。在此期间，核电厂会持续跟踪堆芯硼降曲线、机组实际负荷和燃耗，预测核对机组的停堆时间是否存在超过 7 天的重大变化，如有则重新确定新的停堆日期，核设计单位应根据新的停堆日期更新核设计方案及安全评价。该阶段的工作需要在 $(N-1)$ 循环停堆前 4 个月完成。

第三阶段：申请执照以及停堆换料。核电厂必须在机组停堆前 2 个月向国家核安全主管部门提交换料核设计和安全评价报告，申请装料执照，同时采购的燃料组件从制造厂发往核电厂。$(N-1)$ 循环停堆后，一般经历 1～2 个月的停堆大修，在机组大修完成后可按照堆芯换料方案装载 N 循环的新燃料组件，从 $(N-1)$ 循环卸出堆芯的燃料组件则进入核电厂区的乏燃料水池进行储存管理。核电厂 N 循环堆芯换料结束后，在机组首次临界前必须向国家核安全主管部门提交堆芯临界申请，经审查批准后方可执行堆芯临界、启动物理试验以及功率运行。

1.4　本书的主要内容

压水堆是现阶段国内外广泛用于商业发电的堆型，已经累积了 60 余年丰富的运行经验，并且形成了一套成熟的燃料管理方法。因此，本书将重点介绍压水堆核电厂的燃料管理方法，其中涉及到的相关概念和思想，也可以推广应用到其他类型的核反应堆中。本书第 2 章首先从燃料循环的角度，宏观介绍核燃料从生产（堆前）、使用（堆内）到最终处置（堆后）的全过程，使读者对核燃料的全生命周期有一个总体认识。第 3 章和第 4 章分别介绍堆内燃料管理的两个步骤：多循环燃料管理和单循环燃料管理，并简要介绍常用的优化方法。第 5 章重点介绍燃料管理所采用的数值计算方法和软件。第 6 章、第 7 章和第 8 章，分别介绍堆芯核设计、换料堆芯安全评价和堆芯启动物理试验等三项核电厂燃料管理工程中非常重要的工作环节。第 9 章则以我国自主研发的"华龙一号"为例，介绍典型的第三代先进压水堆核电厂燃料管理设计的案例。

参考文献

[1] 吴宏春. 核反应堆物理[M]. 修订版. 北京：原子能出版社，2017.
[2] 谢仲生. 压水堆核电厂堆芯燃料管理计算及优化[M]. 北京：原子能出版社，2001.
[3] 谢仲生. 核反应堆物理理论与计算方法[M]. 西安：西安交通大学出版社，1997.

第 2 章

核燃料循环概述

2.1 核燃料循环

核燃料从地质勘探、制造到燃烧、后处理、地质贮存,需要经历一个非常复杂的过程,形成一个封闭的核燃料循环,如图 2-1 所示。由于核燃料本身的放射特性,使得核燃料循环比普通的燃料循环要复杂得多。

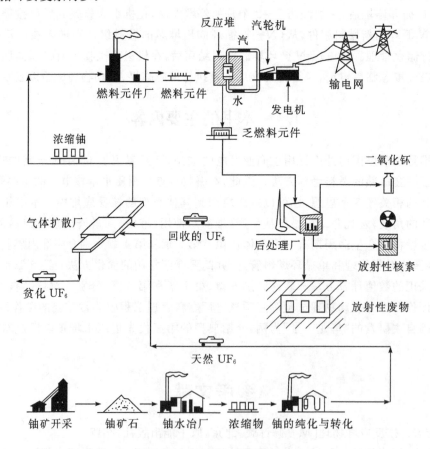

图 2-1　核燃料循环示意图

核反应堆燃料管理就是对整个核燃料循环提出安全经济的管理策略,具体包括堆前燃料管理、堆内燃料管理和堆后燃料管理。堆前燃料管理是指核燃料的勘探和制造,堆内燃料管理是指反应堆运行期间的管理,堆后燃料管理是指对燃烧后的乏燃料的处理管理。

2.2　常见的核燃料循环形式

2.2.1　核燃料的转换与增殖

目前大多数核反应堆采用的都是易裂变核素^{235}U,遗憾的是,在天然铀中只含 0.71％的 ^{235}U,而其同位素^{238}U 的含量却高达 99.28％。因而,如果仅以^{235}U 作为核燃料,天然铀的资源很快就会耗尽,核能也就无法发挥替代能源的作用。如果我们能把天然铀中 99％以上的可裂变核素^{238}U 或天然贮存丰富的可裂变核素^{232}Th 分别转换成易裂变同位素^{239}Pu 或^{233}U,那么核能的资源将扩大几十倍甚至近百倍。所以有人认为,只有实现核燃料的转换与增殖后,核能才能真正称之为核能。通过中子俘获,将可裂变核素转换成易裂变核素,这一过程叫做核燃料转换。

反应堆中核燃料转换途径主要有两个。一是铀-钚循环,即把^{238}U 转换成^{239}Pu,其反应过程为

$$^{238}\text{U} \xrightarrow{(n,\gamma)} {}^{239}\text{U} \xrightarrow{\beta^-\,(23\ \text{min})} {}^{239}\text{Np} \xrightarrow{\beta^-\,(2.3\ \text{d})} {}^{239}\text{Pu}$$

为完成上述的核反应,必须为^{238}U 提供足够的中子,快堆是很好的实现铀-钚循环的堆型。在轻水反应堆中,新装的燃料一般是低富集铀,其中^{238}U 约占 97％,经过一年左右的中子辐照后,卸下的燃料中大约含 0.6％~0.8％的^{239}Pu,这就是由^{238}U 转换而来的。

另一个转换途径是钍-铀循环,即将可转换同位素^{232}Th 经过中子辐照后转换为^{233}U,其反应过程为

$$^{232}\text{Th} \xrightarrow{(n,\gamma)} {}^{233}\text{Th} \xrightarrow{\beta^-\,(22\ \text{min})} {}^{233}\text{Pa} \xrightarrow{\beta^-\,(27\ \text{d})} {}^{233}\text{U}$$

钍在自然界中蕴藏量相当丰富。如果实现钍-铀循环,可大大扩大核资源,但钍-铀循环的实现还有些技术问题需要研究,高温气冷堆是实现钍-铀循环的候选堆型之一。

为了描述核燃料的转换效率,我们引入转换比(CR)的概念,即反应堆中每消耗一个易裂变材料原子所产生新的易裂变材料的原子数。

$$\text{CR} = 易裂变核的生成率/易裂变核的消耗率$$
$$= 堆内可转换物质的辐射俘获率/堆内所有易裂变物质的吸收率$$

假设有 N 个易裂变同位素的原子核消耗掉,根据 CR 的定义,则会产生 $N \cdot \text{CR}$ 个新的易裂变物质的原子核。不妨假设这些新的易裂变核又继续参与转换过程而生成 $N \cdot \text{CR} \cdot \text{CR} = N \cdot \text{CR}^2$ 个新的易裂变核。如果 CR<1,且时间足够长,则最终被利用的易裂变同位素的原子核总数量为

$$N + N \cdot \text{CR} + N \cdot \text{CR}^2 + N \cdot \text{CR}^3 + \cdots = N/(1-\text{CR})$$

对于轻水反应堆而言,一般 CR=0.6。于是,最终被利用的易裂变核约为原来的 2.5 倍。

如果 CR>1,这时,反应堆内产生的易裂变元素比消耗掉的还要多,除了维护反应堆本身的需要外,还可以增殖出一些易裂变材料供给其他反应堆使用,把这一过程称为增殖,把这时的转换比(CR)称为增殖比,并用 BR 表示加以区别。

核燃料的转换(或增殖)依靠的是中子,所以可以从中子数平衡的角度分析实现转换(或增殖)的条件。设易裂变核每吸收一个中子后产生的中子数为 η,那么这些中子除了为维持链式反应所必须的一个中子以及为其他材料所吸收和泄漏损失以外,剩余的中子才有可能被可转

换核素吸收从而使其转换成易裂变核。那么,只有当 $\eta > 1$ 时,核燃料才有可能发生转换。而要实现增殖,则必须要求 $\eta > 2$。

图 2-2 为几种易裂变核的 η 值随中子能量的变化曲线。对于 ^{235}U 和 ^{239}Pu,只有在能量相当高的能区内,η 值才比 2 大得多,因而用 ^{235}U 或 ^{239}Pu 作燃料的热中子堆不可能实现增殖。所以,只有用 ^{239}Pu 作燃料的快中子反应堆才能增殖,这种反应堆通常称为快中子增殖堆。同时可以看到,快堆内中子能谱愈硬(即中子平均能量愈高),增殖性能就愈好。

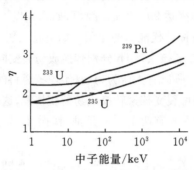

图 2-2　常见易裂变核素 η 值与中子能量的关系

从上图也可以看出,如果通过 ^{232}Th 增殖 ^{233}U,不仅在快堆中可以实现,也可以在热堆中实现,但在热堆中的增殖效率较低。

2.2.2　核燃料循环形式

与火电厂不同的是,在核电站中,辐照过的燃料元件从反应堆中卸下后,通常经过后处理可以重新制成新的燃料元件装入反应堆内再次使用,这样便形成了所谓的核燃料循环过程。下面介绍几种常用动力反应堆的燃料循环过程。

1. 一次性通过燃料循环

对于以天然铀作燃料的天然铀反应堆,由于天然铀中易裂变核 ^{235}U 的含量很低,所以一定燃耗后已没有再回收的价值。这种核燃料经过反应堆燃耗后就直接作为核废料处理,不再进行回收使用的燃料循环称为一次性通过(once-through)燃料循环,如图 2-3 所示。应用天然铀作燃料的动力反应堆有石墨气冷反应堆和重水反应堆两种类型。

为了降低发电成本,总是不断地设法提高燃料的燃耗深度。目前对于普通的石墨气冷反应堆,燃耗深度可达 5000 MW·d/tU 以上,重水反应堆的燃耗深度则可更高些。虽然,在卸下的元件中,所生成的 ^{239}Pu 可以提取出来,以供快中子反应堆等使用,但是在这样的燃耗深度下,从石墨气冷堆卸下的每吨燃料中仅 ^{239}Pu 约 $1.8 \sim 2$ kg。因而,一般对在天然铀动力反应堆中辐照后的燃料往往并不加以处理,而是把它们贮存起来。

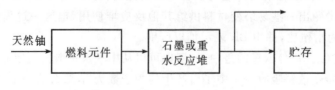

图 2-3　一次性通过燃料循环

2. 回收铀循环

在轻水反应堆中,一般采用低富集度铀(含约 3% 的 ^{235}U)作为燃料。其燃耗深度比天然铀反应堆要深得多,一般在 40000 MW·d/tU 以上。从堆芯卸下来的乏燃料元件中大约还含有 0.8% 的 ^{235}U,^{239}Pu 的含量也大致与之相同。所以辐照过的燃料可以送后处理厂进行处理,从中提取 ^{239}Pu。同时把回收的富集度约为 0.8% 的 ^{235}U 重新加以富集并制成新的燃料元件,送回到反应堆中使用,称为回收铀循环,也称之为 RU 循环,其循环过程的示意图如图 2-4 所示。

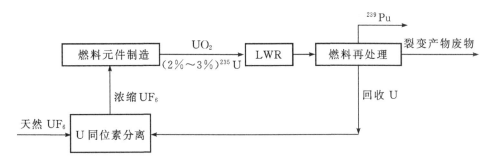

图 2-4　轻水反应堆的燃料循环

目前国际上有一种新的发展趋势,把从轻水堆(Light Water Reactor,LWR)用过的燃料中提取出来的 ^{239}Pu 和富集铀(或天然铀)混合制成钚铀氧化燃料(MOX)元件,再装入 LWR 中燃烧,这样就可以减少对 ^{235}U 的需要量,据估计可以节约 ^{235}U 约 33%,这便是钚的再循环。

3. 燃料增殖循环

如前所述,实现燃料增殖的常用途径有铀-钚循环和钍-铀循环两种。快中子增殖堆的燃料循环为铀-钚循环,它与 LWR 燃料循环有很大不同,具有比较大的增殖比(其 BR 约为 1.2~1.3),其芯部采用的是 ^{239}Pu 易裂变核,再生区采用的是铀-钚循环。在增殖反应堆中,回收的燃料除供给反应堆本身的需要外,还会有剩余的易裂变同位素,可向其他的反应堆提供燃料。液态金属冷却的快中子增殖堆的燃料循环如图 2-5 所示。

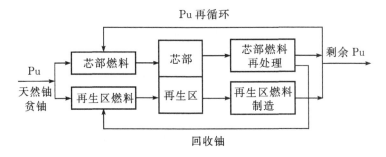

图 2-5　液态金属冷却的快堆燃料(^{239}Pu)循环

高温气冷堆的燃料循环是建立在钍-铀循环基础上的。由于 ^{233}U 是人工易裂变同位素,因此,第一次装入反应堆内的燃料是高富集的碳化铀(约含 93% 的 ^{235}U)以及可转换材料(如氧化钍或碳化钍）。钍经受中子的辐照以后，转换为^{233}U。高温气冷堆的转换比较高，约为 0.8，燃耗深度达 80000 MW·d/tU。这种类型的高温气冷堆的燃料循环如图 2-6 所示。

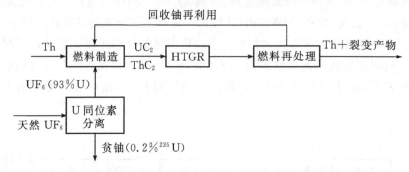

图 2-6　钍-铀循环的高温气冷堆的燃料循环

4. 燃料联合循环

加拿大 CANDU 堆采用天然铀作为燃料，这是由于受当时加拿大不具备浓缩铀技术的限制，其实 CANDU 堆的最佳富集度应为 0.9%～1.2%。

另一方面，LWR 采用的是低浓铀，经过辐照后（假设平均燃耗为 33000 MW·d/tU）卸出的乏燃料中含有大约 0.95% 的 ^{235}U 和 0.65% 的 ^{239}Pu。这是可以经过后处理回收的核燃料，它的易裂变核素含量正是 CANDU 堆的最佳含量。因此 LWR 乏燃料经处理后，可直接为 CANDU 堆所应用。这种把一个反应堆的乏燃料用作另一个反应堆的燃料循环称为反应堆燃料联合循环。

目前研究的燃料联合循环方式有：DUPIC（直接利用）、MOX 和 RU（回收铀）等。

DUPIC 是韩国提出的把压水堆（Pressurized Water Reactor, PWR）乏燃料直接在 CAN-DU 堆中利用的方案。由于韩国不具备乏燃料后处理能力，因而研究开发了氧化还原的 OREOX 热-机械加工方法：首先把 PWR 的乏燃料去掉包壳，把芯块变成粉末，对裂变同位素不作任何分离，烧结压成"新"的 CANDU 芯块，并装进标准包壳内，直接供 CANDU 堆使用。不需要任何湿化学处理，只使用干法处理工艺，因此比较简单，而且可以避免湿法产生大量废液的麻烦。所以它是很吸引人的一种方式。

但是它的重大缺陷是整个生产过程及运输过程都是高放射性的，必须在屏蔽装置内进行，难于接近，因此必须建立巨大的热室车间和远距离操纵加工装置。这给燃料制造和燃料管理以及反应堆运行中的换料带来许多困难，费用增大。自然，它能提供高的防核扩散能力。所以国际原子能机构及美国对此表示支持，因而它对于不具有或不允许有乏燃料后处理能力的国家比较适合。

所谓 MOX 核燃料循环是指，将 PWR 乏燃料后处理后取得的 0.95% ^{235}U 和大约 0.65% 的 ^{239}Pu 制成 MOX 型（(U,Pu)O$_2$）燃料在 CANDU 堆中加以利用。应用 MOX 核燃料的优点在于铀、钚同时加以利用，燃耗可加深到 25 GW·d/(tHM)。提高了铀资源的利用率，相对于 PWR 一次通过循环来说，可节约 40% 的铀需求量。应用 MOX 燃料的困难在于含钚燃料制造加工和处理问题（因为钚是毒性极强的物质）。对于我国，目前 MOX 燃料的制备与 MOX 燃料元件的制造都还在研究中。MOX 燃料也可在 PWR 和快堆中加以利用。

PWR 的乏燃料进行后处理后分离出^{235}U(约 0.95%),可以将回收铀(RU)加以利用。其利用途径有两种选择:一是在 CANDU 堆中应用;另一种是对其再浓缩后在 LWR 中继续利用。但是由于放射性污染的原因,例如,^{232}U 的放射性衰变产物(主要是^{208}Tl)在 RU 中的存在,特别是经过再浓缩后^{232}U 的浓度增加约 4 倍,放射性也随之增加了 4 倍,因而要求在铀浓缩及燃料制造厂增加屏蔽。同时由于吸收中子的同位素^{236}U(吸收元素)的存在,需要提高^{235}U 的富集度以补偿中子的损失(每增加 1% 的^{236}U,就需额外增加 0.3% 的^{235}U 的富集度)。这些因素都是造成 RU 再浓缩应用在经济上和技术上的不利因素。因此,目前许多国家和PWR 业主并不主张在 LWR 中使用再浓缩的 RU。

相反,RU 正好具有 CANDU 堆的优选富集度,不需要再浓缩便可在 CANDU 堆中加以利用。初步评价显示,RU 中较低放射性(与再浓缩 RU 相比)对于 CANDU 堆燃料制造来说,是可以接受的。因而现有的 CANDU 燃料元件制造厂不需要做重大改造。初步的经济分析表明,RU 在 CANDU 堆中利用的燃料费用要比再浓缩后在 PWR 中应用的费用低 70%。

因而对于拥有 PWR 和 CANDU 两种堆型,并具有对 PWR 乏燃料进行后处理能力的国家或业主,从经济性和节约天然铀资源来讲,在 CANDU 堆使用 RU 的 PWR/CANDU 联合核燃料循环是非常具有吸引力的。

2.3　堆前核燃料管理

堆前(前端)核燃料管理,主要包括铀矿的勘探、开采、提炼、转化、同位素分离浓缩、核燃料元件的制造等。

2.3.1　核燃料特性

目前核反应堆应用的核燃料一般都是铀、钍或钚的同位素。

铀是德国柏林大学克拉普罗特(M. H. Klaproth)教授于 1789 年发现的,它主要分布于地壳和海水中。天然铀由^{238}U、^{235}U 和^{234}U 三种同位素组成,其中易裂变核素^{235}U 的富集度(重量含量)为 0.711%。铀一般以金属态或化合物态存在,最常见的化合物有 UO_2 和 UF_6。

钍是瑞典化学家白则里(J. J. Berzelius)于 1828 年发现的,它主要存在于地壳和水中,地壳中的钍几乎全部为^{233}Th。钍最重要的化合物是 ThO_2、ThF_4 和 $Th(NO_3)_4$。

钚是美国放射化学家西博格(G. T. Seaborg)于 1940 年发现的,它的命名来源于冥王星(Pluto)。钚是一种银白色金属,最重要的氧化物是 PuO_2。

目前核反应堆大多采用的是铀核素,所以下面我们以最常用的铀燃料为例介绍核燃料的制造过程。

2.3.2　铀矿的勘探和开采

铀矿物大约有 480 种,其中以铀为重要成分的有 155 种。

所谓铀矿勘探就是为查明铀资源、确定铀储量而对铀矿床进行的全面工业评价。铀含量为 0.3% 以上的矿石称为富矿石,0.1%~0.3% 的称为中等矿石,0.05%~0.1% 的称为贫矿石。铀储量为 5000 t 以上的铀矿床为大型矿床,1000~5000 t 的为中型矿床,100~1000 t 的为小型矿床,小于 100 t 的为铀矿点。

铀矿普查和确定区域的勘探方法一般采用放射性测量,即利用航空 γ 总计数测量测定放射性异常区。

海水中铀的总含量约为 40 亿 t,含量非常丰富,尽管研究了多年,但目前仍未找到实用的开采方法。

通常含铀 0.1% 的铀矿就可以开采,其开采流程与其他有色金属的开采基本相同,其不同点就是工程量浩大,且存在氡气和镭等放射性物质,需要进行放射性管理。

铀矿开采主要有三种方法:①地下坑道开采法;②露天开采法;③化学开采法。目前最常用的是地下坑道开采法。

为了减少铀矿石加工的工作量,开采出的铀矿石一般先经过物理选矿,如采用放射性选矿方法,首先筛选掉相当一部分废石。

2.3.3　铀矿石的加工和精制

铀矿石的加工和精制是一个很复杂的过程,具体包括:铀矿石预处理、铀矿石浸出、铀的浓缩以及铀的精制与转化。

铀矿石预处理就是对铀矿石进行破碎、焙烧和磨矿。焙烧是为了提高有用成分的溶解度和降低杂质的溶解度,以利于后续的浸出处理,同时也可以改善矿石的物理性质,以利于后续的液固分离。

铀矿石浸出就是利用固体中的一些有用成分易于溶解在一些液体中的特性而将其提取到液体中,再进行后续的加工。通过这一操作可把铀从矿石转入溶液,铀矿石的浸出主要有酸法浸出和碱法浸出两种。

铀在铀矿石的浸出液中浓度很低,每升约含几百毫克至几克,因此需要对铀进行提取和浓缩,制成较纯的铀化合物,然后再进一步纯化去除杂质,得到更纯的铀化合物。提取和浓缩铀的方法有化学沉淀法、离子交换法和溶剂萃取法。

从铀水冶厂得到的铀化学浓缩物,一般为重铀酸盐或三碳酸铀酰盐,它们在纯度和化学形态上都还无法满足应用要求,因而需要进一步精制。精制主要是应用溶剂萃取法进一步去除杂质,并通过沉淀制成铀氧化物。为了进行铀的同位素分离,需进行铀的转化,即铀的氧化物转化成铀的氟化物。铀的精制方法有干法和湿法。干法是指无水氟化物挥发法,湿法主要包括化学沉淀法、离子交换法和溶剂萃取法等。

2.3.4　铀的同位素分离

现有的绝大多数反应堆以浓缩的铀作为核燃料,而天然铀中 ^{235}U 富集度仅为 0.71%,所以需要把天然铀中的 ^{235}U 富集度提高。通过把 ^{235}U 和 ^{238}U 进行分离可达到浓缩 ^{235}U 的目的,所以铀同位素分离又称之为 ^{235}U 的富集(或浓缩)。由于 ^{235}U 和 ^{238}U 的物理性质和化学性质相同,原子核质量只相差了 3,致使分离十分困难,所以铀同位素分离是十分重要、十分敏感的技术。

迄今为此,只有三种具备工业价值的分离方法:气体扩散法、气体离心法和空气动力学法。正在研究的激光法和化学交换法具有良好的工业应用前景。

　　气体扩散法的原理(见图 2-7)是两种不同分子量的气体混合物在处于热运动平衡时,具有相同的平均动能,由于质量不同,其速度不同,平均速度与质量的平方根成反比。较轻的分子的平均速度较高,通过扩散膜时,碰撞的机会比较多,从而可以实现一定程度的分离。图 2-8是一立式扩散机的示意图。

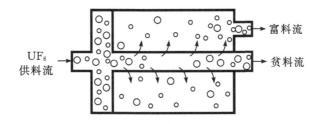

图 2-7　气体扩散法原理图

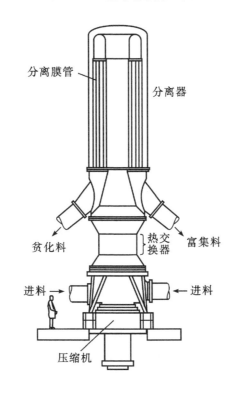

图 2-8　大型立式扩散机

　　气体离心法是利用强离心力场作用实现轻、重同位素的分离。在高速旋转的离心机中,较轻的分子在靠近轴线处浓集,其原理如图 2-9 所示。目前气体离心法是应用最普遍的方法,但单个分离单元的分离效果很差,要把天然铀中仅占 0.71％的 ^{235}U 富集到 3％～90％的各种富集度,必须把很多分离单元(分离级)互相联接起来,形成级联装置,如图 2-10 所示。

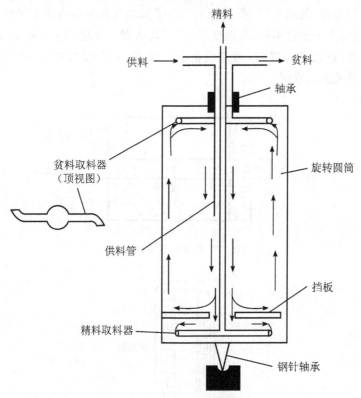

图 2-9　离心机原理图

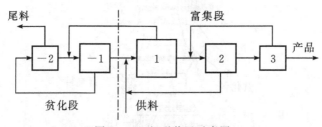

图 2-10　级联装置示意图

空气动力学法又称喷嘴分离法,其原理是在压力差的作用下,使用大量的氦气或氢气稀释的六氟化铀气体通过处于高度真空中的喷嘴的狭缝而膨胀,在膨胀过程中离心加速到超声速的气流顺着喷嘴沟的曲面壁弯转,较轻的分子远离壁而浓集,如图 2-11 所示。

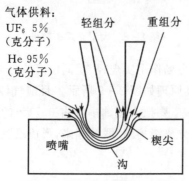

图 2-11　喷嘴分离法示意图

激光法的基本原理是利用原子或分子只吸收一定波长的光子并发生动态跃迁的性质,通过激光激发,可以使一种同位素发生能态跃迁,而另一种不发生跃迁,从而可以使二者在性质上的微小差异加大,以便使用物理和化学方法进行分离。但这种方法还在进一步研究中,尚未达到工业应用阶段。

2.3.5　燃料元件的制造

燃料元件是核反应堆堆芯的基本构件,是用来承载核燃料,导出裂变能量的重要部件,需要承受压力、振动应力和强放射性辐照,因此要求燃料元件满足冶金、传热、机械等多方面的性能要求,需要进行精密设计和高精度制造。

不同类型反应堆的燃料元件各不相同,目前国际上运行最多的反应堆类型为 LWR,所以这里以 LWR 的燃料元件为例作一介绍。

燃料元件一般由燃料芯块和包壳构成。核燃料主要有金属铀燃料、陶瓷铀燃料以及铀、钚混合氧化物(MOX)燃料等。金属铀受辐照时易发生尺寸的“长大”和“肿胀”,并会降低导热能力。陶瓷铀燃料具有耐高温、耐辐照的优点,目前 LWR 普遍采用陶瓷二氧化铀燃料,其缺点是导热性很差。MOX 燃料是二氧化铀和二氧化钚混合物组成的核燃料,它有利于充分利用从乏燃料中提炼出的钚。

燃料元件应具备如下要求:

(1)具有良好的物理、化学、力学和抗辐照稳定性;

(2)所有构件材料均具有小的中子吸收截面;

(3)具有良好的热工水力学和热交换特性;

(4)结构简单,易于加工,方便换料。

燃料元件的包壳主要是用来:

(1)防止核燃料被冷却剂腐蚀;

(2)存留裂变产物;

(3)为核燃料的体积变化提供保护;

(4)为传热提供界面。

包壳要有良好的化学稳定性、辐照稳定性和导热性能。一般 LWR 采用铝、锆合金,快堆采用的是不锈钢包壳。

LWR 采用棒状燃料元件,其核燃料为陶瓷二氧化铀,包壳材料为锆合金。LWR 燃料元件包壳内装有若干个烧结的二氧化铀燃料芯块,每个芯块的上下面压制成凹蝶形,以适应辐照肿胀变形,芯块表面进行机械磨光,以保持与包壳管的间隙。若干个芯块叠成燃料柱,燃料柱两端用氧化铝隔热片与两端头的支撑管隔开。支撑管和弹簧支撑留有足够的空间,用以容放裂变产生的气体。为了平衡运行期间这一段空间里的气体压力,一开始先充入一定量的氦气。

燃料组件由若干根燃料元件棒组成。压水堆燃料组件是由装在锆-4合金组件盒中成15×15或17×17正方形排列的燃料棒及控制棒导向管组成,并装有上、下端格板和几层中间格架,以保持燃料棒的间距,并防止燃料棒的水力振动。

燃料组件的制造流程如下。

(1)燃料芯块的制造。将二氧化铀研磨成细粉,采用粉末冶金成形工艺将其压成圆柱形芯块,再在氢气气氛下在电加热炉内加热到 1400～1650 ℃烧结成形。将芯块表面进行磨光,达到设计允许的公差范围。

（2）燃料棒装料和封焊。将锆合金包壳管的下端塞焊好，再将加工好的燃料芯块装入锆合金包壳内，上端装入氧化锆隔热片和压紧弹簧，充入一定量氦气，焊好上端塞。

（3）燃料组件装配。燃料组件的骨架由上、下端格板、中间格架及控制棒导向管构成。将燃料元件插入骨架内，焊接固定好上、下端格板。

2.4　核废料处置

2.4.1　乏燃料的特性

对于核燃料的再生工艺至关重要的是从反应堆卸下燃料的如下特性：燃料的化学和放射化学组成、裂变材料的含量、放射性水平等。核燃料的这些特性取决于反应堆的运行功率、燃料在反应堆中的燃耗深度、运行时间、次级裂变材料的增殖系数、燃料出堆后的冷却时间以及反应堆的类型等。

由反应堆卸出的乏燃料只有经过一定时间冷却后才送去后处理，这是因为裂变产物中有大量短寿命放射性核素，这些核素的放射性在卸出的燃料中占很大份额。因此新卸出的燃料在后处理前要在专门的贮存库中放置足够时间，直到大部分短寿命放射性核素衰变掉。这可大大减轻生物防护，降低乏燃料后处理过程中的化学试剂和溶剂的辐解，并减少应从主要产物中除去的元素组。经 $2\sim3$ a 冷却后，辐照燃料的放射性仅取决于长寿命裂变产物和放射性超铀元素。

2.4.2　乏燃料的运输

一座核电厂乏燃料回收工厂往往要为分布在不同地方的几座核电厂服务。一般生产能力为 1000 t/a 的标准后处理厂可为总功率为 $30\sim50$ GW 的 $10\sim15$ 座核电厂服务。有时还需要按照协议将乏燃料运送到其他国家进行处理。这都需要长距离运输大量的乏燃料，涉及乏燃料的运输问题。

目前，有三种运输乏燃料的形式：汽车运输、铁路运输和水上运输。采用汽车运输或铁路运输，取决于国家的运输条件，核电厂后处理厂或中间贮存库是否有铁路专用线和相应的设备，容器的大小和类型，以及经济上的考虑等。

海上运输主要受回收工厂和核电厂地理分布的制约。为防止发生重大事故，在这些船上需保证满足以下安全要求：安装了专门设备，主要用于固定容器和降低如船碰撞、搁浅、翻倒、火灾等运输事故的危险性。

乏燃料运输沿途要经过居民点，因此保证运输安全具有十分重要的意义。货包（指容器、外套、盒）的设计不仅应保证其在正常状态下的完好无损，而且应保证其在可能发生事故的条件下完好无损。在计算强度时，最危险情况看作是容器从 9 m 高处掉到坚硬的路基上，还允许容器有可能从 1 m 高处掉到定位销上和在 800 ℃ 的火灾发生地逗留 30 min。经验表明，容器从 9 m 高处掉到盖子上，以及平面朝下掉到实体上最危险。应该保证在周围空气温度为 $-40\sim38$ ℃ 范围内货包的必要强度。

货包结构应保证一定的散热性。考虑两种主要热源，即乏燃料组件残余的热释放和太阳辐射。容器外表面的允许极限温度为 85 ℃。在充满水的容器中运输燃料元件时，必须估计到辐解生成的混合物(H_2+O_2)爆炸燃烧的可能性。容器应有足够的自由空间,以承受水加热时的膨胀。

容器外表面上任何一点的辐射水平都不应超过 2 J/kg,在 2 m 距离处不超过 0.1 J/kg。容器应保证足够的密封性,辐射安全可通过相应的生物防护来保证。

设计货包的结构时,应保证在任何可预见的运输条件下,都不会发生自发链式裂变反应。

2.4.3　贮存

不论对闭式燃料循环,还是对一次通过燃料循环,乏燃料的贮存都是必需的步骤。事实上,全世界建有核电厂的所有国家都有乏燃料的贮存库。

从核电厂反应堆卸出的乏燃料,都运到反应堆附近的贮存库、地区和国家贮存库及后处理厂的贮存库进行暂时或永久贮存。贮存的期限与计划采用的处理方法有关。贮存时间一般为0.5~7 a 不等,一般最佳冷却时间为 3 a。

贮存的方法有湿法和干法两种,在贮水池中可采用套管贮存和格架贮存两种方式。核电厂一般采用格架贮存,处理厂一般采用套管贮存。

2.4.4　脱壳

乏燃料的脱壳是核燃料后处理的第一步,从技术上讲,脱壳也是回收过程中一个最复杂的任务。在放射性化学工艺中有许多脱壳方法,但到目前为止还没有一种方法能用简单的技术手段实现完全去壳而不给燃料带入污物成分,或者不使燃料中的重要组分受损失。

脱壳方法可以分为两大类:一类是包壳材料和燃料芯块分离的脱壳法,另一类是包壳材料与芯块不分离的脱壳法。脱壳方法的选择取决于燃料元件包壳材料的性质、燃料元件的结构和后处理工艺等。

包壳与芯块分离的脱壳法是在核燃料溶解前脱去燃料元件的包壳和除掉结构材料。一般可采用水化学法、热化学法、高温冶金法和机械脱壳法。

水化学法是在不与芯块材料发生作用的溶剂中溶解包壳材料,这种方法曾用于早期的以铝或镁及其合金为包壳的金属铀燃料元件,铝在碱中、镁在硫酸中都很容易溶解。然而,现代的动力堆的包壳都由耐腐蚀、难溶解的材料制成,最典型的有锆合金和不锈钢等。

虽然原则上可用选择性化学溶解法除去锆和不锈钢包壳,但会导致可观的铀和钚流失,所以在后处理流程中使用这种方法是不合适的。另外,化学脱壳法还有一个主要缺点就是会形成大量强烈盐渍化的放射性废液。特别是对 LWR 燃料元件处理时情况更为严重,因为其锆和不锈钢的质量占燃料元件的 40%~50%,乏燃料中的废物量明显增加。

热化学法脱壳可以减少包壳破坏时产生的废物体积,并立即得到更便于长期贮存的固体废物。常用的方法是,在 350~800 ℃的 Al_2O_3 假液化层中用无水氯化氢除去锆包壳,在500~600 ℃的气态氟化氢和氧混合物作用下,使不锈钢发生氧化分解。

高温冶金法是旨在建立直接熔化包壳或在其他金属熔融物中溶解包壳的方法。这些方法是基于包壳和芯块熔点的差异或它们在其他熔融金属或熔盐中溶解度的差异。在这种情况下必须保持结构材料和燃料在高温条件下的共存性,即在结构材料与燃料之间不发生相互作用。

化学脱壳法和高温脱壳法都不能保证完全除去包壳。部分结构材料会留在芯块并进入主工艺溶液,因此可以采用不进行化学破坏的机械脱壳法。机械脱壳过程包括几个步骤。首先切掉燃料组件的末端部件,并将组件分成燃料元件束和单根燃料元件,然后要用机械方法脱去每根燃料元件的包壳。

燃料元件的包壳材料不与芯块材料分离的脱壳方法有化学法、切断-浸出法等。

化学法同前面讲的一样，也包括水化学脱壳法和高温化学脱壳法。在这两种情况下都是同时破坏包壳和芯块，并将它们转入同一相，然后在该相中对裂变材料进行进一步化学处理。此时结构材料组分的去除与铀和钚对其他杂质和裂片元素的净化同时进行。

在实施水化学法脱壳时，包壳和芯块溶于同一溶剂中，得到共溶液。当处理贵重组分（^{235}U 和 Pu）含量高的燃料，或者在一个工厂处理不同类型燃料时，特别是当燃料元件的尺寸和形状不同时，采取一起溶解的方法是合适的。

在高温化学法中，用气体试剂处理燃料元件，这些试剂不仅破坏包壳，而且破坏燃料元件芯块。

切断-浸出法适于处理包壳不溶于硝酸的燃料元件。将燃料组件中的单个燃料元件切成小块，裸露的燃料元件芯块与化学试剂作用并溶于硝酸中。洗净残留在不溶解的燃料元件包壳上的溶液并将包壳作为废料弃去。

燃料元件的切断法与前面描述的方法相比，具有一定的优越性。产生的废物包壳残渣处于固态，既不像化学法溶解包壳时那样，产生放射性废液，也不像机械脱壳法那样，明显丢失贵重组分，因为包壳切块可以完全洗净。此外，送去处理的燃料溶液不像包壳与燃料元件芯块同时溶解时那样含有大量废渣。切断-浸出法作为处理锆包壳或不锈钢包壳的氧化物燃料元件最合理的脱壳法，得到了广泛的承认。因此，它成为了动力堆燃料元件最典型的脱壳方法。

2.4.5　溶解

核燃料转入溶液的方法，取决于燃料成分的化学形式、燃料的预准备方式，并有必要保证一定的生产能力。

燃料成分的化学形式决定溶剂的选择。例如，金属铀或铀和钚的氧化物燃料溶于硝酸。铀与锆或不锈钢的合金要求采用腐蚀性更强的介质或者进行电化学溶解等。

如果在燃料后处理的预准备步骤已经用化学法或机械法除去燃料元件包壳，则只需溶解燃料元件芯块。如果燃料元件与结构材料一起切割成块，则必须对燃料进行选择性浸取，在溶解过程中将燃料同包壳分开。如果在预准备步骤不破坏燃料元件包壳，则将包壳和燃料一起溶解。

工厂或者装置的生产能力决定溶解设备的结构和尺寸。对溶解过程有以下要求：

（1）应保证燃料成分完全溶解，以防裂变材料随不溶残渣丢失；

（2）完全溶解不应导致形成大量稀溶液；

（3）获得最大浓度的溶液不应形成发生链式核反应的条件，即溶解过程应保证核安全；

（4）得到的溶液应该是稳定的，在溶液中不应发生化学反应；

（5）溶解设备的材料应不被所用试剂腐蚀；

（6）采用的试剂不应对下一步化学处理产生不利的影响。

无包壳燃料的溶解有两种方式：溶解芯块（如果燃料元件包壳已预先被除去）或者从燃料元件切块中浸取燃料。

对于金属铀燃料元件，一般用化学法或机械法脱壳，而处理氧化物燃料时，则将燃料元件切成小块。在这种情况下，芯块均在硝酸中进行进一步溶解，而不加任何催化剂。

金属铀通常在 $8 \sim 11$ mol/L 的 HNO_3 中溶解，而二氧化铀则在 $80 \sim 100$ ℃下溶于 $6 \sim$

8 mol/L 的 HNO_3。

铀在硝酸中溶解是一个复杂的过程。生成的最终产物的成分、硝酸的损耗及溶解的速度与许多因素有关,其中包括硝酸浓度、温度、气体反应产物的去除速度、用空气或氧气鼓吹溶液以及溶液的搅拌或环流等。

二氧化铀在热的硝酸中溶解相当快。根据硝酸的浓度及二氧化铀量与硝酸量之比的不同,溶解时放出的二氧化氮和一氧化氮的量也不相同。在溶解金属铀或二氧化铀的同时,发生部分硝酸再生的反应。

溶解时燃料组件的破坏会释放出全部放射性裂变产物。在这种情况下气体裂变产物(碘、氪)进入被排入的废气体系。废气排入大气之前,先通过气体净化系统。大部分非气态裂变产物溶于硝酸并生成相应的硝酸盐。当燃料的燃耗深度很高,生成的裂变产物数量达到 kg/tU 量级时,部分难溶的裂变元素不能全部转入溶液,而形成不溶性悬浮物,这些元素有钌和钼。此外,处于溶解状态的还有部分碳和硅,它们既可能存在于芯块材料中,又可能存在于芯块表面和燃料元件包壳之间的润滑材料中。

在预处理阶段破坏燃料元件包壳,并不是对所有燃料元件的后处理都合适。例如,当燃料元件的形状很复杂时,或者芯块材料在硝酸中不溶解,以及在处理高浓燃料时(此时不希望在脱壳过程中哪怕只有少量贵重成分损失)等,预先破坏燃料元件包壳是不合适的。在这些情况下最好同时溶解包壳和芯块。

2.4.6　萃取与分离

核燃料溶解过程中得到的硝酸溶液不仅含有贵重的产物,还含有裂变产物、结构材料组分及杂质。该溶液被送去萃取处理,以净化和分离铀和钚。为了保证设备的连续运行,达到规定的铀和钚的净化系数与分离系数,必须预先清除溶液中的悬浮物,并按照萃取循环的工艺条件调节溶液的组成。

核燃料溶解过程中得到的产物总含有一些由难溶组分形成的沉淀、悬浮物及胶体。这些沉淀、悬浮物和胶体的组成,与燃料元件芯块及结构材料的化学成分、燃料在反应堆内的燃耗深度、核燃料的加工过程及其在反应堆中辐照过程中的温度状态、脱壳方式及燃料溶解方式等许多因素有关。因此,悬浮物的组成不可能是固定不变的。

溶液中存在沉淀和悬浮物,对准备和进行铀和钚萃取纯化会产生各种干扰。在萃取过程中,悬浮物浓集在两相界面,并形成薄膜(或者形象地称为"水母体"),使乳化液滴稳定和分相速度降低。当悬浮物在分相区大量积累时,可能生成大量沉淀,后者会使萃取设备的运行状态受到严重破坏,并降低萃取设备的生产能力、效率和不间断运行时间。放射性沉淀释放出大量热量会引起局部过热,导致萃取剂明显损坏,并形成稳定的乳化物。此外,沉淀会从溶液中夹带大量贵重组分,导致贵重组分丢失。同样,有机相夹带薄膜也会降低净化系数。

鉴于悬浮物的不良影响,在制备萃取溶液阶段,要对溶液的澄清给予特别注意。

在确定必要的溶液澄清程度时,所采用的萃取设备类型具有重要意义。例如,离心萃取器对溶液中存在悬浮物极为敏感。这类萃取器能保证溶液与萃取剂有最短的接触时间,最好用于处理高燃耗的燃料溶液。但在这些溶液中可能存在大量悬浮物,溶液必须有很高的澄清度。

澄清度还与萃取剂和稀释剂性质有关,因为在不同的萃取体系中出现相间生成物的趋势不同。

溶液的澄清不仅是为了去除其中的不溶悬浮颗粒,也是为了去除硅酸、锆、钼等元素,这些元素在萃取处理(如水解)时能形成沉淀并生成相间薄层,因此,最好在这些物质进入萃取前将其从溶液中除去。

目前,在所有已建和正在设计的工厂中,萃取工艺是处理热中子动力堆辐照核燃料工艺流程的基础。根据多年实践结果,制定了分离和净化低燃耗和中等燃耗的辐照燃料中主要成分的通用流程(见图2-12)。但是,寻找处理不同类型燃料的最佳流程的工作远没有结束。因此,每个工厂都制定了自己的流程,特别是与分离和净化有用组分直接相关的流程部分。

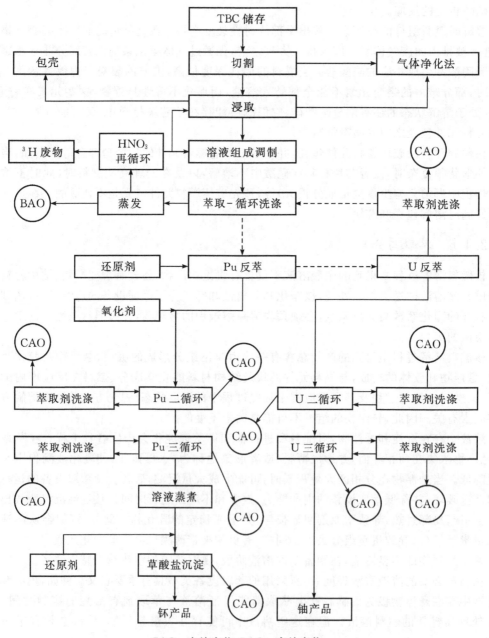

CAO—中放废物;BAO—高放废物。

图 2-12 核电厂乏燃料后处理的典型水溶液萃取流程示意图

萃取净化包括一整套标准操作:萃取、洗涤、反萃、蒸发。在不同的工作流程中,这些操作采用不同的组合。

应用最广的流程是用磷酸三丁酯的惰性稀释剂溶液从 $1\sim4mol/L$ HNO_3 中共萃取 U(VI)和 Pu(IV、VI)。在这种情况下,大部分裂变产物留在水溶液中。萃取物经洗涤后用稀硝酸在还原剂存在下选择反萃(还原反萃)Pu(III),将 U 和 Pu 分离。留在有机相中的铀用稀硝酸溶液反萃。进一步的净化分离,在铀线和钚线利用重复萃取循环或吸附程序。

尽管世界各国已有不同形式的萃取设备,但萃取过程所用装置形状问题的解决仍是个复杂的任务。放化生产的特殊条件不允许采用一般化学工艺所使用的萃取器,而要求发明新的装置。

为了比较各种萃取器的质量和评价它们在放化工艺中应用的可能性,可依据这样一些准则,例如,密封的可靠性、保证核安全、能远距离操作、萃取器结构材料的耐腐蚀性能、萃取时两相间建立平衡的速度、两相分离时不互相夹带、中间维修周期等。

在现代放化生产中常采用三类萃取器:脉冲或机械搅拌的混合澄清槽、脉冲筛板柱或填料柱、单级或多级离心萃取器。此外,处于不同研制和使用阶段的还有电化学萃取器——混合澄清槽和脉冲柱,用以在反萃过程中进行电化学氧化-还原反应。还研制了其他类型的萃取器,例如振动柱。

萃取净化过程包括三个主要步骤:萃取、洗涤和反萃。这些工艺过程的进行和所达到的铀和钚的净化程度与许多因素有关。其中最重要的是各种组分的浓度、溶液在这些过程所有步骤的酸度和温度、水溶液和有机溶液的流量比、两相的接触时间以及萃取级数等。

在处理乏燃料时,提取镎是非常必要的,这是因为 ^{237}Np 是制取可用于空间技术、小能源和医学的 ^{238}Pu 的原料。实际测量表明,一般镎的含量为 $230\sim430$ g/t。在氧化还原过程中,镎的行为与铀和钚不同。在燃料料液中,镎以四价、五价和六价状态存在,在相同的氧化态时,稳定性有很大差异。

常用的镎提取方法有两种,第一种方法是在 I 循环中与铀和钚一起萃取。在这个方案中,采用回流过程,即将镎再循环使其在萃取循环中积累与浓缩,最终将其提取。镎的最终反萃液可送去进行草酸盐沉淀和煅烧形成二氧化镎。第二种方法是在 I 循环使镎全部进入高放废液,然后用萃取法或离子交换法提取镎。为了使镎定量地进入某种指定的工艺液流中去,必须将镎稳定在指定价态。

在氧化和还原镎时,萃取工艺条件下应该采用化学反应快速、不破坏铀和钚分离与净化的试剂。最能满足这些条件的氧化还原试剂是亚硝酸。在采用亚硝酸时,镎的氧化态及其在萃取循环中的行为取决于下述两个因素:NO_2^-/NO_3^- 浓度比和浓液酸度。

为了实现镎提取的第一方案,向 I 循环萃取-洗涤柱中加入亚硝酸,并使硝酸浓度提高到 $3\sim4$ mol/L,使镎转为能被磷酸三丁酯萃取的六价态。在硝酸浓度足够高时,亚硝酸是氧化 Np(V)的催化剂。

2.4.7 核废料的管理

放化工厂的废物是从辐照核燃料回收有用组分的过程中附带产生的,含有不同数量的裂变元素及超铀元素的水相和有机相溶液、气体和气溶胶、固体物质和粉尘。乏燃料中的裂变产物和锕系核素按不同的组成归入各类放射性废物。放化工厂必须防止这些放射性核素进入环境。

乏燃料后处理过程中产生的放射性废物不仅物态不同,放射性水平及主要的放射性核素亦不相同。必须将废物分类,以便制订对各类废物的管理原则。通常,放射性废物根据物态分为气体、液体和固体,根据比放射性的水平分为高放废物、中放废物和低放废物。放射性废物的分类也可根据其他特性进行,例如,液体废物分为水相和有机相废物、高盐含量废物和低盐含量废物、含氚废物等;气态废物分为气体废物和气溶胶;固体废物分为可燃废物和不可燃废物、可压缩废物等。被钚和(或)其他超铀元素所沾污的各种不同材料组成一大类固体废物,这类废物通常称为"超铀"或"α"废物。

各类不同的废物采用不同的方法管理,管理方法包括处理和再处理方法以及贮存和埋藏的条件和方法。

区分不同种类废物所依据的比放射性水平不是绝对的,高放、中放和低放废物之间的界限在各个国家有所不同。

将放射性废物长期可靠地与生物圈相隔离是一个重要问题,这个问题最终决定核能是否能够可持续发展。高放废物集中了乏燃料的 99% 以上的放射性,它对地球上的生命具有很大的危险性,因此,高放废物管理受到了极大的关注。大部分裂变产物核素的半衰期达几百年,而超铀核素及某些裂变产物核素,例如 ^{129}I、^{14}C、^{99}Tc 的半衰期长达数十万年。

近年来,已开始从全球性、区域性和地区性的规模慎重研究氚、^{14}C、^{129}I 等核素的生态危险,显然,这些能被人体重要器官摄入的放射性核素的危险不能只凭它们所产生的剂量负荷来判断。

选择废物管理方法的依据是国际辐射防护委员会的建议以及各国负责制定每个放射性核素对自然物体污染的极限允许水平的专门机构的文件。

历史上还没有一种工业像原子能工业那样,在其发展的初期就提出了减少对环境危害的要求,从环境保护的角度看,处理核电厂辐照燃料的放化工厂应满足下列要求。

(1)在最不利的气象条件下,排入大气的气态排出物所含放射性核素的量应不超过其在近地层大气中的最大允许含量。

(2)液态高放废物和中放废物应转化到适宜于投入地质构造中最终处置的形式物态,保证核素在自然衰变到完全无害之前可靠地与生物圈隔离。放射性溶液在专门容器中贮存不能完全排除泄漏,因此只能作为临时措施。

(3)低放废水在排入水体之前应加以净化,使其中放射性核素的水平低于各放射性核素的最大允许浓度。

根据这些要求,制订了一些净化气体和液态废物的方法,某些方法已在实践中得到应用。但是,使放射性废物无害化的问题远未解决,诸如,从气态排出物中提取 ^{129}I、氚、^{85}Kr 和 ^{14}C;减少再处理过程中生成的液体废物的体积,制备机械性能、化学性能、热辐射性能稳定的高放和中放固化物的工业方法以及研究固化物最终处置的方法。

至少可以考虑四种隔离废物的方法,它们可在不同程度上防止放射性核素对生物圈的污染:废物的地面贮存;深地层地质构造处置;排入宇宙空间;核反应堆内燃烧使长寿命核素转变为短寿命核素(嬗变法)。

但是,目前实际上只采用了可控地面贮存,这种地面贮存库带有可靠的防扩、冷却、通风和监测控制手段,并具有多墙屏障,定期可靠的监测和系统的预防措施保证贮存库的密封性。现在贮存的废物有液态废物、蒸发至干的废物、燃烧后的废物及其他形式的固化废物,以及未经后处理的乏燃料。这些废物可从贮存库回取,以便进一步处理或按重新审定的解决办法送去最终处置。

美国曾制订一个计划,拟用高放废物贮存中^{90}Sr、^{137}Cs 等同位素的衰变热制取低压蒸汽,废物的初始释热指标定为 300 W/L。预可行性研究表明,利用废物在容器中贮存时的释热在经济上是合算的。

将高放废物排入宇宙空间最能保证废物与人类和环境的隔离,但是发射装置的可靠性尚未完全解决,带废物的密封舱由于事故而重返大气的可能亦未完全排除。此外,将废物发射到宇宙空间的费用很高。这些因素在很大程度上减少了这种方法的实际价值。尽管如此,这种方法仍被认为是一种可能隔离半衰期长达数十万年的锕系放射性核素的方法,但实现这种方法需要预先将锕系核素从高放废物中分离出来。

在现在的技术发展水平条件下,从生物圈排出废物的现实方法是将放射性废物固化,再装入容器埋入稳定的深地层矿井。很多国家都在研究适于埋藏放射性废物的各种地质构造和岩层的特性。

图 2-13 概略地表示了放射性废物管理,图中包括了乏燃料不进行后处理而作为高放废物的方案。在这种条件下,最终处置的废物体积增加,铀、钚不再循环,裂变产物和超钚元素不能利用。

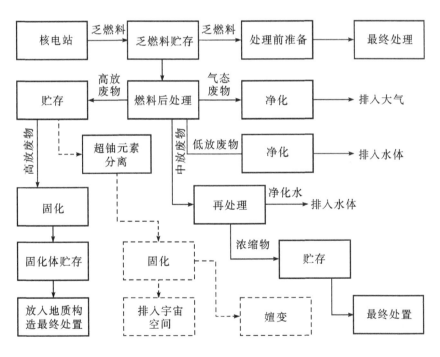

图 2-13　放射性废物管理

高放废物固化物亦如未经后处理的乏燃料一样,拟在地面贮存 40～60 a,然后最终处置,其处置条件与乏燃料最终处置相近。因此,从现在到高放废物大规模处置开始还有几十年时间,在这段时间内应最终确定安全而可靠的处置废物的条件。

2.5　高放长寿命核素的嬗变

在压水堆核废料中含有大量的次要锕系核素(MAs),常规压水堆核电厂每年约产生20～30 kg的MAs,约占核废料的3%。MAs的半衰期特别长,有的达数百万年,已远远超出当前人类的管理范围。目前最终处理核废料的方法一般都是对核废料进行处理和冷却后采取多重屏蔽深埋地层的办法,这种方案较简单,但地质的长期稳定性难以保证,一旦放射性物质浸出,将对生物圈构成极大威胁。另一方面,这种方案的核资源利用率极低,浪费了资源,从长远来看也是不可取的。因此,目前许多国家都正在研究采用分离-嬗变的方法,把长寿命高放同位素变成短寿命或稳定同位素,同时还利用锕系重同位素的裂变产生能量,这样既消灭了核废料,又得到了能量,真正实现变"废"为宝。

嬗变MAs需要消耗大量的高能中子,所以一般采用快堆、混合堆或加速器驱动次临界装置。在快堆中,一般把从核废料中分离出来的MAs和长寿命裂变产物FPs布置在快堆的增殖区。在混合堆和加速器驱动次临界装置中,一般把MAs和FPs布置在裂变包层中。初步研究表明,嬗变处置核废料具有良好的效果,对核能的可持续发展和洁净核能的应用具有重要意义。

2.5.1　高放废物的特性

反应堆所产生的放射性核废物是其对公众的最主要潜在危害之一。总的说来放射性核废物包括下列四类:锕系核素 (Actinide)、裂变产物 (Fission Product)、活化产物 (Activated Product)、氚 (Tritium)。

对于裂变动力堆,主要是前三项放射源;对纯聚变堆则主要是后两项;聚变-裂变混合堆则包括全部四项放射源,不过由于氚的放射性危害与前三项相比要小得多,并不构成严重的问题。目前世界上现存的大量核废物主要是裂变动力堆的乏燃料,这些高放废物(High Level Wastes,HLW)目前还处于暂存阶段,对环境及人类安全构成严重威胁,急待处置。

1. 锕系核素

在各种裂变动力反应堆中,由于装入了大量的裂变燃料,这些燃料在堆内燃烧的过程中与中子发生核反应,主要是(n,γ)俘获反应和$(n,2n)$阈能反应,而后其产物经过衰变形成许多不同种类的锕系核素(包括可裂变燃料,如^{239}Pu和^{241}Am等)。这里锕系核素是广义的,指的是超铀核素(包括 MA 和混合钚)。锕系核素的主要特点是大多数核具有很长的半衰期、较强的α放射性和较高的毒性,而且几乎所有的锕系核素都是不稳定的,它们的衰变子核亦具有较高的毒性。

2. 裂变产物

裂变产物是由燃料裂变后产生的。裂变产物的存量取决于系统燃料发生裂变的总数。裂变产物中核素种类很多,其中大多数寿命较短。反应堆乏燃料经过几年的衰变后,大多数裂变产物已衰变成稳定核了。对环境的长期危害主要取决于几种长寿命的裂变产物核。这些主要的长寿命裂变产物核是 ^{90}Sr、^{137}Cs、^{135}Cs、^{99}Tc、^{129}I 等。

2.5.2　高放废物的嬗变

1. 长寿命裂变产物的嬗变

乏燃料中一些长寿命裂变产物的核中，^{90}Sr 和 ^{137}Cs 放射性活度最高，毒性也最大，但它们的热中子俘获截面小，$\sigma_{n,\gamma}(^{90}\text{Sr})=0.0153\times10^{-28}\ \text{m}^2$，$\sigma_{n,\gamma}(^{137}\text{Cs})=0.25\times10^{-28}\ \text{m}^2$，要有效嬗变需要 $10^{16}\sim10^{17}/(\text{cm}^2\cdot\text{s})$ 中子通量水平。而这两个核素的半衰期约为 30 a，通过贮存衰变 $500\sim1000$ a，将分别转化成稳定的 ^{91}Zr 和 ^{138}Ba。

^{135}Cs、^{93}Zr、^{107}Ba 和 ^{126}Sn 等核素放射性活度很低，可以进行稀释排放处置。^{151}Sm 在热谱中为强中子吸收体，很易在堆内烧掉。唯有 ^{99}Tc 和 ^{129}I，寿命长、毒性大，容易迁移渗透生物圈，必须进行嬗变处置。这两种核素的热中子俘获截面和共振截面都比较大，超热中子谱中可有效嬗变。根据 A. G. Groff 等和 H. R. Brager 的工作，^{99}Tc 和 ^{129}I 的有效半衰期可以分别降至 4.7 a 和 19 a。在快堆超热中子区，它们的年嬗变率（平均每年嬗变掉的质量与初始总质量之比）可分别达到 5% 和 10%。改进靶件设计和辐照条件，其嬗变率还有可能提高。

2. 次锕系核素 MA 的嬗变焚化处置

利用快中子嬗变锕系核素时，锕系核素通过 (n,γ)、$(n,2n)$、$(n,3n)$ 等嬗变反应，其产物仍然是锕系核素，只有通过裂变反应 (n,f) 才能将锕系核素嬗变成裂变产物。

乏燃料中的锕系核素，只有少数几个是易裂变核素，如 ^{239}Pu、^{241}Pu，在热谱中裂变截面大，其他核素的 $\sigma_{n,f}/\sigma_{n,\gamma}$ 远小于 1。所以，在热谱中不能有效嬗变锕系核素。只有在系统的热中子很富足，不惜浪费中子时，方可通过锕系核素多次俘获嬗变为易裂核素后再发生裂变反应，以焚化掉锕系废物。

在快谱中，情况相反。锕系核素的俘获截面大大降低，裂变截面增加，$\sigma_{n,f}/\sigma_{n,\gamma}$ 远大于 1。锕系核素的快中子裂变截面约为 $2\times10^{-28}\ \text{m}^2$，欲有效进行嬗变处置，需要中子能量密度较高。

锕系核素在热中子区的裂变俘获比非常小，而在快中子区则很大，因此反应堆堆能谱越硬对锕系废物的嬗变效果越好，相反在热堆中焚毁锕系核素的效果越不好。

2.5.3　加速器驱动次临界嬗变装置

加速器驱动次临界（Accelerator Driven Sub-critical System, ADS）装置是指由加速器对质子流加速，轰击靶件，发生散裂反应，放出中子，中子再驱动次临界反应堆的装置。这种装置的优点是：①反应堆设计是次临界的，如果失去外中子源，会自动停堆，所以是安全的；②由于散裂反应放出的是高能中子，能产生很硬的中子能谱，所以对核废物嬗变处置效率很高；③整个装置是"富中子"的，所以还可以用来进行核燃料转换。加速器驱动次临界反应堆嬗变装置原理示意图如图 2-14 所示。

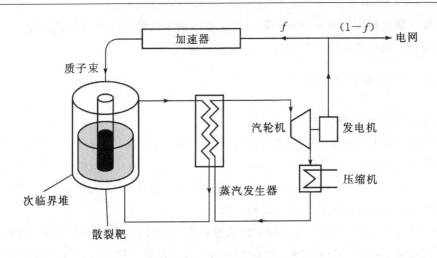

图 2 - 14　ADS 装置原理示意图

　　目前处于研究阶段的加速器驱动次临界反应堆嬗变装置,主要有两种类型:美国的 ATW (Accelerator Ttansmutation of Waste)方案中的高注量率热中子次临界熔盐堆和日本的 OMEGA(Options Making Extra Gain from Actinides and Fission Products)计划的快中子次临界反应堆。

　　美国的 ATW 计划要求质子加速器束流功率达到 200 MW,以驱动热中子次临界熔盐堆运行。堆内有嬗变区、中间区和转换区,堆中的热中子注量率可达到约 $10^{16}/(cm^2 \cdot s)$。堆芯直接与放化处理装置相连。ATW 方案的优点是嬗变效率较高,不但能嬗变 MA,而且能嬗变长寿命裂变产物;熔盐燃料可达到较高的热中子注量率,而且易于进行化学处理。但 200 MW 质子加速器技术难度较大,加速器、堆芯和化学处理装置都必须具有较高的可靠性,否则将影响整个系统的正常工作;另外,ATW 整个系统的能量增益较小。

　　日本的 OMEGA 计划中 MA 嬗变装置考虑加速器驱动两种快中子次临界系统,即熔盐堆芯和固态合金元件堆芯,每年可嬗变锕系核素 250 kg。

　　固体燃料堆芯技术比较成熟,已具有丰富的运行经验,因此是一种比较切合实际的方案。加速器驱动快中子次临界装置运行时处于次临界状态,采用较大的 MA 装载量,虽然减小了有效缓发中子份额及温度系数、空泡系数,但对堆芯次临界度影响较小,因此具有较好的固有安全性;由于散裂反应提供了高能外中子源,有利于锕系核素的烧毁,可提高嬗变效率,改善增殖性能。

　　目前针对次临界堆芯的结构,提出了不同的方案,许多问题有待进一步研究,例如靶、冷却剂、燃料元件和堆芯结构等。

　　靶分为液态靶和固态靶两类。前者有液体铅、铅铋合金或熔盐,其优点是能承受较大热负荷,但每个质子所产生的散裂中子数低。另一种为固态靶,材料有钨和钍、铀等核素,用液体金属作冷却剂,其优点是散裂中子产额较高,但也存在辐射损伤和导热方面的困难。

　　燃料元件可选择合金元件、氧化镁惰基元件或陶瓷元件。不同的材料将会影响能谱、堆芯结构和化学处理的工艺,因此必须综合考虑。

　　冷却剂的选择有钠、铅和 Pb - Bi 合金。目前铅的使用是一个热门课题,铅的沸点高,化学性质较稳定,不像钠与空气或水接触时会发生猛烈的化学反应,而且钠的氧化物具有极强的腐蚀性。另一方面,铅可与质子反应产生散裂中子。令人关心的问题是铅对材料的腐蚀性。研究表明,当添加微量氧化剂时,铅试验回路在 550 ℃运行 28000 h 没有观察到腐蚀。

一般反应堆是一个有效增殖因数等于 1 的无外源自持系统,其安全问题始终是公众特别关心的。尤其在三里岛、切尔诺贝利、福岛核事故后,公众对反应堆的安全性问题更加关注,对此核工作者正在进行大量的监控及改进研究。目前核反应堆动力系统还无法做到绝对安全,因此研究具有固有安全性的核反应堆动力装置对于核能的发展具有重要意义。

而外源驱动的次临界系统不仅自身产生的核废料特别少而且可以通过嬗变的方法利用热堆的核废料生产能源,还可以增殖核燃料给已有的热堆系统使用,而且由于该动力系统具有一定的次临界度,因而其安全性方面基本不存在问题,即使出现事故工况,通过关闭外系统,整个系统也可以快捷且安全地实现停堆。这种能源系统实际上已经满足了国际上所谓的第四代先进核能系统的要求,在我国称之为洁净核能系统。

另外这种方法还具有如下重要的优点。

(1)能充分利用铀、钍资源。通常的裂变堆能利用铀、钍资源的比例很小,大部分作为废物扔掉,但通过在嬗变系统中的焚化则可把原来只能扔掉的重金属废物裂变,从而放出大量的裂变能用于发电等。

(2)通过"分离与嬗变",即 P-T(Partition-Transmutation)流程可以从废物中分离 MA、FP、Pu 以及其他放射性核素。MA 通过裂变转化成裂变产物,或嬗变成易裂变核素重新进入燃料循环;FP 则通过嬗变转化为短寿命、低毒性或稳定的核素;Pu 作为核燃料可直接进入热堆发电。这样不仅大大降低了废物的放射水平,缩短了其衰变时间,而且可以产生可观的电能。核废物中还有许多放射性核素及其转化产物具有广泛的应用前景。如主要裂变产物之一的^{137}Cs 可用于辐照食品、超导研究等;主要长寿命锕系核素^{237}Np 的转化产物之一^{238}Pu 可作为人工心脏、太空动力站的同位素电池等。

参考文献

[1]　马栩泉.核能开发与应用[M].北京:化学工业出版社,2005.

[2]　谢仲生.核反应堆物理分析[M].修订版.西安:西安交通大学出版社,2004.

[3]　谢仲生.压水堆核电厂堆芯燃料管理计算及优化[M].北京:原子能出版社,2001.

[4]　谢仲生.核反应堆物理理论与计算方法[M].西安:西安交通大学出版社,1997.

第 3 章
多循环燃料管理与优化

多循环燃料管理是反应堆初步设计的主要内容,其任务是确定反应堆整个寿期的循环长度、燃料富集度、换料批数和一批换料量等,其优化的任务是确定所有循环的最佳装料策略,优化目标是在满足核安全和功率需求的约束下,燃料成本最小。显然,这是一个非常复杂的优化问题,与每个循环具体的布料方案有关。但是为了简化问题,同时考虑到组件在堆芯内具体位置对上述优化变量的影响较弱,所以在进行多循环分析时就近似地采用"点堆"模型来简化空间分析,即不考虑组件在堆芯内的具体位置,着重考虑多个循环之间的耦合关系。

一座核电厂的运行寿命大约为 40～60 a,这期间需要经历几十个运行循环,形成所谓的运行循环序列。按照各运行循环的特性,可将它们分为初始循环(或启动循环)、过渡循环、平衡循环和扰动循环。初始循环是指反应堆首次启动运行的第一个循环,堆芯全部由新燃料组成。平衡循环是指每个循环的性能参数(如循环长度、新料富集度、一批换料量及平均卸料燃耗等)都保持相同,运行循环进入到一个平衡状态。过渡循环是指从第二循环开始,一直到初始循环堆芯内的燃料组件被全部卸出堆芯为止的运行循环。扰动循环是指由于燃料棒破损等原因导致平衡循环被破坏,直至新的平衡循环建立前的所有循环。虽然由于实际的运行总要受到各种因素的扰动,反应堆不可能建立起绝对稳定的平衡循环序列,但平衡循环的概念依然具有重要的理论价值。一般认为平衡循环是性能指标最佳的循环方案,并被燃料管理人员定为目标运行循环,所以平衡循环是我们分析的重点。

3.1 平衡循环

平衡循环是核反应堆最重要的目标循环,首先通过点堆模型讨论平衡循环的循环长度、新料富集度、批料数和卸料燃耗深度等物理量之间的关系。

3.1.1 点堆模型堆芯物理状态的描述

点堆模型中用于表示堆芯物理状态的主要参数为堆芯反应性。根据反应性的定义,第 i 个组件的反应性 ρ_i 为

$$\rho_i = \frac{产生 - 吸收}{产生} = \frac{F_i - A_i}{F_i} = \frac{k_{\infty,i} - 1}{k_{\infty,i}} \tag{3-1}$$

式中:F_i 和 A_i 分别表示堆芯第 i 个组件中裂变产生的中子数和被吸收的中子数;$k_{\infty,i}$ 是第 i 个组件的无限介质增殖系数。

从而得到反应堆的反应性为

$$\rho = \frac{\sum\limits_{i=1}^{N_{\mathrm{T}}}(F_i - A_i) - A_{\mathrm{R}}}{\sum\limits_{i=1}^{N_{\mathrm{T}}} F_i} = \sum\limits_{i=1}^{N_{\mathrm{T}}}\left[\frac{(F_i - A_i)/F_i}{\sum\limits_{i=1}^{N_{\mathrm{T}}} F_i/F_i}\right] - \frac{A_{\mathrm{R}}}{\sum\limits_{i=1}^{N_{\mathrm{T}}} F_i} \tag{3-2}$$

式中:A_{R} 是在反射层内被吸收的中子数(即泄漏中子数);N_{T} 为堆芯的燃料组件个数。定义

$$f_i = \frac{F_i}{\sum\limits_{i=1}^{N_{\mathrm{T}}} F_i} \tag{3-3}$$

$$\Delta\rho_{\mathrm{L}} = \frac{A_{\mathrm{R}}}{\sum\limits_{i=1}^{N_{\mathrm{T}}} F_i} \tag{3-4}$$

则式(3-2)变成

$$\rho = \sum_i f_i \rho_i - \Delta\rho_{\mathrm{L}} \tag{3-5}$$

式中:f_i 其实就是第 i 组件所占的裂变份额;$\Delta\rho_{\mathrm{L}}$ 为反应堆的泄漏反应性损失。

在实际的处理中,往往用组件 i 所产生的功率 q_i 占堆芯总功率的份额来近似表示裂变份额,即

$$f_i \approx \frac{q_i}{\sum\limits_i q_i} \tag{3-6}$$

式中:$\sum\limits_i q_i$ 为堆芯的总功率。因此 f_i 就是组件 i 所产生的功率占堆芯总功率的份额,称为组件 i 的相对功率份额。显然

$$\sum_i f_i = 1 \tag{3-7}$$

若令式(3-5)右端 ρ_i、f_i 分别为第 i 批料的反应性和相对功率份额,则该等式对 i 批料求和也同样成立。

由此可见,点堆反应性模型是采用相对功率份额 f_i 来考虑堆芯内各批料的功率分布对堆芯寿期或循环燃耗的影响,没有考虑每个燃料组件在堆芯内的具体位置。

为了计算堆芯的反应性,必须知道该时刻堆芯内各批料的相对功率份额。在点堆模型中常采用半经验的方法来确定相对功率份额,人们根据核电厂的运行数据和设计经验提出了多种具体计算各批料相对功率份额的数学表达式。例如,对于功率展平很好的压水堆,第 i 批料的功率份额 f_i 可近似表示为

$$f_i = \frac{(\Lambda_i k_{\infty,i})^a}{\sum\limits_{i=1}^n (\Lambda_i k_{\infty,i})^a} \tag{3-8}$$

式中:Λ_i 为批料 i 的不泄漏概率,对于堆芯周围区域的批料取 $\Lambda \approx 0.85$,对于内区的批料取 $\Lambda = 1.0$;a 为调节参数,一般取 $a = 2.0$。实践表明,如果每一循环采用相同的装料方式,则这种半经验的处理方法是可行的,并且对于某一批料,其相对功率份额 f_i 在整个循环内变化不大。

当然严格地讲，f_i 可以由堆芯中子扩散方程出发，通过采用简化的节块或细网方法来求得。

在点堆模型分析中，我们还需要知道各种不同富集度的燃料组件（或各批料）的反应性随燃料燃耗深度的变化关系。对于典型的轻水堆燃料组件，其反应性 ρ 近似地是燃料燃耗深度的线性递减函数。因此，可将 ρ_i 与燃耗的关系近似表示成

$$\rho_i(B) = \rho_{0,i} - \alpha_i B_i \tag{3-9}$$

式中：$\rho_{0,i}$ 是反应堆满功率、裂变产物达到平衡后，燃料组件 i 的初始反应性；B_i 是燃料组件 i 的燃耗深度；α_i 是组件 i 的反应性随燃耗变化斜率。其中，$\rho_{0,i}$ 和 α_i 都跟燃料的富集度和组件的栅格参数有关，这一关系式可由组件程序计算获得。

式（3-9）通常称为线性反应性模型（Linear Reactivity Model，LRM），对于大多数轻水堆组件来说该模型已具有很好的精度。但是，对于那些含有可燃毒物的组件，尤其是当可燃毒物棒根数较多时，组件反应性随燃耗的变化关系就不再是简单的线性递减关系。此时，一般可采用高阶多项式拟合的方法或通过插值来求得一定燃耗深度下组件的反应性，也可以在组件反应性中不考虑可燃毒物，然后用毒物反应性 $\Delta\rho_{BP}$ 来修正可燃毒物对堆芯反应性的影响，并跟泄漏反应性 $\Delta\rho_L$ 的处理相类似从式（3-5）中扣除 $\Delta\rho_{BP}$。

关于反应性泄漏项，一般将 $\Delta\rho_L$ 分为轴向泄漏反应性损失 $\Delta\rho_{L,A}$ 和径向泄漏反应性损失 $\Delta\rho_{L,R}$ 两部分来进行处理。$\Delta\rho_{L,A}$ 随反应堆的燃耗变化较小，它可由堆芯轴向中子通量密度近似成余弦分布加以估算，一般约为 1%。$\Delta\rho_{L,R}$ 的处理则相对较为复杂，实际中，通常根据具体的堆芯布料方案来确定。例如，对于外-内装料方案，可在最外面一批燃料的组件反应性中扣除 $\Delta\rho_{L,R}$；而对纯粹的棋盘式布置，则可以在所有批料中均匀分配径向泄漏反应性损失。

从上面讨论可以看出，相对功率份额 f_i、组件反应性 ρ_i 及其随燃耗深度的变化关系以及泄漏反应性损失 $\Delta\rho_L$ 的确定是用点堆模型分析多循环燃料管理的三个重要内容。

3.1.2 平衡循环特性分析

下面我们在一些近似假设的基础上，讨论平衡循环时燃料组件初始富集度、循环长度和卸料燃耗深度等参数之间的关系。

考虑一个由 N_T 个燃料组件组成的 n 批换料的平衡循环。在此不妨先假设 N_T/n 恰好等于整数 N，即每一循环从堆芯卸出的组件数都是 N 个。假设堆芯内各批料以相同的功率密度运行（即功率分布是平的），即 $f_i = 1/n$。此时堆芯反应性 ρ 按式（3-5）可以写成

$$\rho = \frac{1}{n}\sum_{i=1}^{n}\rho_i \tag{3-10}$$

式中：ρ_i 为已考虑了泄漏反应性损失的批料 i 的反应性。设循环燃耗为 B_n^c，假设每批料的反应性变化斜率均相等为 α，根据满功率运行循环寿期末堆芯反应性为零，再将式（3-9）代入得

$$\rho_0 - \frac{1}{n}\sum_{i=1}^{n}i\alpha B_n^c = 0 \tag{3-11}$$

这里 ρ_0 为平衡循环添加新料的初始反应性，由此可求出循环燃耗 B_n^c 为

$$B_n^c = \frac{2\rho_0}{(n+1)\alpha} \tag{3-12}$$

假如 $n = 1$，则得到 1 批料时的循环燃耗为

$$B_1^c = \frac{\rho_0}{\alpha} \tag{3-13}$$

由此可得 n 批料时的循环燃耗与 1 批料时的循环燃耗之间的关系为

$$B_n^c = \frac{2}{n+1} B_1^c \tag{3-14}$$

当反应堆为 n 批料时，燃料组件就需要经历 n 个循环才能卸料，所以得卸料燃耗 B_n^d 为

$$B_n^d = n B_n^c = \frac{2n}{n+1} B_1^d \tag{3-15}$$

代入式（3-11）可得新料的初始反应性 ρ_0 与燃料的卸料燃耗深度之间的关系为

$$\rho_0 = \frac{n+1}{2n} \alpha B_n^d \tag{3-16}$$

若知道燃料组件的初始反应性与初始富集度之间的关系（通常这可由组件程序计算获得），则式（3-15）和式（3-16）便给出了循环燃耗（或卸料燃耗）、批料数和燃料组件初始富集度三者之间的关系。

下面分几种情况讨论。

（1）给定燃料组件的初始富集度（即固定新料的初始反应性 ρ_0）。

当 $n = 1$ 时，即堆芯由 1 批料构成，此时循环燃耗深度和卸料燃耗深度相等，若用 B_1^d 表示，则

$$B_1^d = \frac{\rho_0}{\alpha} \tag{3-17}$$

对于 n 批换料，由式（3-14）和式（3-15）可得

$$\frac{B_n^d}{B_1^d} = \frac{2n}{n+1} \tag{3-18}$$

$$\frac{B_n^c}{B_1^c} = \frac{2}{n+1} \tag{3-19}$$

如图 3-1 所示，在保持新料富集度不变（即初始反应性为常数）的情况下，循环燃耗 B_n^c 随批料数 n 的增加而减少，而卸料燃耗 B_n^d 却随批料数 n 的增加而增加。这是因为在保持新料富集度不变的情况下，增加批料数就减少了循环初装入堆芯的新燃料组件个数，从而减少了堆内易裂变核的质量，因而使循环长度缩短，循环燃耗降低。而另一方面，由于增加批料数将使燃料组件在堆内的停留时间延长，因而卸料燃耗加深。

当 $n \to \infty$ 时，卸料燃耗 B_∞^d 为

$$B_\infty^d = 2\frac{\rho_0}{\alpha} = 2B_1^d \tag{3-20}$$

实际上，n 不可能为无穷大，最小的换料量是每次装、卸一个燃料组件，通常称为连续在线换料，这时 n 最大值为堆芯燃料组件数，如 CANDU 型反应堆。这种装换料方式可提高卸料燃耗深度，但换料工作量巨大。

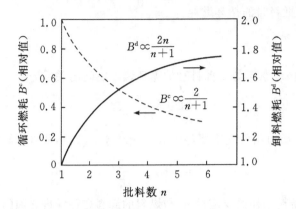

图 3-1　循环燃耗和卸料燃耗与批料数之间的关系

设用 $\rho_{1,n}$ 表示批料数为 n 时堆芯平衡循环初的反应性,则类似式(3-11)得

$$\rho_{1,n} = \rho_0 - \frac{1}{n}\sum_{i=1}^{n-1} i\alpha B_n^c = \rho_0 - \left(\frac{n-1}{2}\right)\alpha B_n^c \tag{3-21}$$

因此在 n 批换料和 1 批换料情况下,两者循环初的剩余反应性比值为

$$\frac{\rho_{1,n}}{\rho_{1,1}} = \frac{\rho_{1,n}}{\rho_0} = \frac{2}{n+1} \tag{3-22}$$

可见,与 1 批换料相比,3 批换料可使循环初堆芯剩余反应性减小 50%。

在保持新料富集度不变的情况下,增加批料数除了可提高燃料的卸料燃耗外,还可降低循环初的堆芯剩余反应性,从而降低对反应性控制系统的要求,这对提高反应堆的安全性是十分有利的。增加批料数的缺点是换料频繁,无论在线换料还是停堆换料,都会增加成本。所以批料数的选择需要根据实际情况优化确定。

综合考虑各方面的因素,商用轻水堆批料数一般选择 $2 \leqslant n \leqslant 5$。如压水堆,常采用 3 批换料方式。

(2)给定循环燃耗。

许多核电厂在制订运行计划时,一般换料周期往往是给定的,如为 1 年或 18 个月。在这种保持循环燃耗或循环长度恒定的情况下,n 批换料堆芯所需的新料反应性可由式(3-22)导出

$$\rho_{0,n} = \frac{n+1}{2}\rho_{0,1} \tag{3-23}$$

式中:$\rho_{0,n}$ 表示 n 批换料情况下为获得某一循环燃耗所必需的新料初始反应性。

对于典型的压水堆燃料组件,其初始反应性与富集度有下列近似关系

$$\rho_0 \approx 0.1(\varepsilon - 1.0) \tag{3-24}$$

式中:ε 为以 ^{235}U 的质量分数所表示的燃料的富集度。利用此关系式和式(3-23),就可估算出核电厂由 3 批换料改成 4 批换料时,为保持平衡循环的循环燃耗不变,必须将新料的富集度由 3 批时的 3% 提高到 3.5%。而与此同时,4 批换料情况下的卸料燃耗深度却为 3 批换料时的 4/3 倍。

（3）给定卸料燃耗。

在给定卸料燃耗深度的情况下，新燃料组件的初始反应性（或富集度）随批料数的变化关系可由式（3-16）导出

$$\rho_{0,n} = \frac{n+1}{2n}\rho_{0,1} \tag{3-25}$$

可以看出，随着批料数 n 的增加，用于产生相同卸料燃耗所需的燃料组件的初始反应性可以降低，相对于一批装料方式，反应性减少量 $\Delta\rho_n$ 为

$$\Delta\rho_n = \frac{n-1}{2n}\rho_{0,1} \tag{3-26}$$

在连续换料（$n \to \infty$）的情况下，新料初始反应性可降低至1批换料时的1/2。降低了燃料组件的初始反应性就是降低了对新燃料组件的富集度要求，这也是采用连续换料的加拿大CANDU反应堆可以采用天然铀作为核燃料的一个原因。

综上所述可以看出，一批换料量 N 或批料数 n 对循环特性有很重要的影响，如批料数 n 不变，通过提高新料富集度便可延长循环长度、加深循环燃耗，达到提高卸料燃耗的目的。例如对于压水堆，过去普遍采用3批年换料，20世纪80年代以后逐步都改用提高燃料富集度延长循环长度到18个月的先进燃料管理策略，以提高卸料燃耗深度，降低燃料循环成本。但是应该注意卸料燃耗深度不得超过安全许可值。

虽然以上描述燃料初始反应性、批料数和循环燃耗或卸料燃耗之间关系的解析式是在一些近似条件下导出的，但是由它得出的定性结果是正确的，对实际问题具有重要的参考价值。

3.1.3　批料量不能整除的情况

在前面分析中，曾假设 N_T/n 恰好是整数。但实际上，在大多数压水堆内，堆芯的组件数并不能被 n 整除。秦山、大亚湾核电厂的堆芯组件数分别为121和157，并不能被3或4除尽。在这种情况下的多循环燃料管理就要比 N_T/n 恰好是整数时来得复杂。这里限于篇幅，不作讨论，只给出结果。

设堆芯的一批换料量仍为 N，$N_T/N = m$，m 叫作换料方案参数。若整数 n_1 满足 $(n_1-1) < m < n_1$，$[N_T - (n_1-1)N]$ 或 $[m-(n_1-1)]N$ 个燃料组件在堆芯内停留 n_1 个运行循环，而 $\{N-[N_T-(n_1-1)N]\}$ 或 $(n_1-m)N$ 个燃料组件经历 (n_1-1) 个运行循环。

例如，秦山核电厂的 $N_T = 121$ 不能被3整除，如果在平衡循环时每次装入堆芯的新组件数 N 为40，则 $m = 3.025$，$n_1 = 4$。对于这种换料方案，39个组件经历3个运行循环，1个组件要经历4个运行循环，如表3-1(a)所示，表中每一行表示某一批料在相继各循环堆芯内的组件数，而每一列则表示某一循环内各批料装入堆芯的组件数目，堆芯内组件的总数保持不变。例如第 M 批料从第 j 循环装入40个燃料组件，在第 $j+2$ 循环末卸掉39个组件，仅留下一个组件在第 $j+3$ 循环中继续使用。

表 3 - 1　秦山核电厂两种不同的平衡循环序列

批 \ 循环	(a)$N = 40$				批 \ 循环	(b)$N = 41$			
	j	$j+1$	$j+2$	$j+3$		j	$j+1$	$j+2$	$j+3$
J	1				J	39			
K	40	1			K	41	39		
L	40	40	1		L	41	41	39	
M	40	40	40	1	M		41	41	39
N		40	40	40	N			41	41

如果取 $N = 41$,则 $m = 2.951$,$n_1 = 3$。对于这种换料方案,39 个燃料组件将经历 3 个运行循环,2 个燃料组件只经历 2 个运行循环,如表 3-1(b) 所示。例如第 M 批料从第 $j+1$ 循环装入 41 个组件,在第 $j+2$ 循环末卸掉 2 个组件,39 个组件在第 $j+3$ 循环继续使用。可以预料,这两种换料方案的平均卸料燃耗深度是不相等的,以前在假定堆芯内 N_{T}/N 为整数的情况下所导出的关系式不适用于 N_{T}/N 不为整数的情况。

在换料方案设计中,最好选用 $N_{\mathrm{T}}/N =$ 整数的换料方案,如不能做到这一点,则建议选用一批换料量偏低的换料方案。例如,对于秦山核电厂,不可能取换料量 $N = 40\frac{1}{3}$,建议取 $N = 40$。

3.2　初始循环与过渡循环

平衡循环是电厂运行过程中力图达到的目标运行循环。由初始装载堆芯向平衡循环过渡,有如下三种方式:

(1) 固定循环燃耗(B^{c})或循环的能量生产,并固定一批换料量 N,逐步调节每个循环的新料富集度;

(2) 固定循环燃耗和新料富集度,逐步调节每个循环的一批换料量 N;

(3) 固定新料富集度和一批换料量,逐步调节每个循环的循环燃耗,即循环长度。

下面我们以一个例题来讨论第(1)种过渡方案,这也是工程中最常用的方案。

例 3-1:设一反应堆由 $n = 3$ 批料组成,假设反应性随燃耗线性减少,且其斜率与初始富集度无关,各批料以相同功率密度运行,初始循环的循环燃耗与以后各循环的相等,从第 2 循环开始新料富集度就取成平衡循环的换料富集度,请确定新料富集度。

解:根据循环末堆芯反应性 $\rho = \dfrac{1}{n}\sum\limits_{i=1}^{n}\rho_i = 0$,令 $n = 3$,对初始循环、第 2 和第 3 循环的循环末分别有下式成立:

$$\sum_{j=1}^{3}\rho_{0,j} - 3\alpha B^{\mathrm{c}} = 0$$

$$\sum_{j=2}^{4}\rho_{0,j} - 5\alpha B^{\mathrm{c}} = 0$$

$$\sum_{j=3}^{5} \rho_{0,j} - 6\alpha B^c = 0$$

式中:j 为新料的顺序号。进一步化简,得到下列关系式:

$$\rho_{0,1} + \rho_{0,2} + \rho_{0,3} = 3\alpha B^c$$
$$\rho_{0,4} = \rho_{0,1} + 2\alpha B^c$$
$$\rho_{0,5} = \rho_{0,2} + \alpha B^c$$

假设反应性随燃耗变化的斜率 α 为已知值。给定循环燃耗 B^c,选定两批燃料的初始富集度(从而就确定了两批料的初始反应性),便可以确定初始堆芯反应性,以及后续各个循环所需的新料初始反应性。利用已知的初始反应性与燃料富集度的关系,就可以确定各个循环所需的新料富集度。通常是选择 ε_1 和 ε_2,确定 ε_3、ε_4 和 ε_5。依此类推,也可以求得循环 4,5,… 的新料富集度 ε_6,ε_7,…。选择 ε_1 和 ε_2 时,应考虑初始堆芯的各批料之间的富集度不要相差太大。

由于第 2 循环开始,新燃料的富集度就是平衡循环的换料富集度,在这种情况下,$\rho_{0,3} = \rho_{0,4} = \rho_{0,5}$,由此解得

$$\rho_{0,1} = 0$$

即第 1 批料的 $k_{\infty,1} = 1.0$,而第 2 和第 3 批料的初始反应性则分别为

$$\rho_{0,2} = \alpha B^c$$
$$\rho_{0,3} = 2\alpha B^c$$

再由燃料富集度和初始反应性的关系确定出第三批料的富集度。

当然,例 3-1 中假设初始循环的循环燃耗和以后各循环的循环燃耗相等是不切实际的,实际上,电厂在运行中为了尽可能提高初始循环堆芯燃料的利用率,初始循环的循环长度往往要大于以后各个循环的循环长度。在这种情况下,初始堆芯燃料富集度的确定就会变得复杂些,一般需采用优化方法来确定初始循环的燃料富集度。

3.3　多循环燃料管理计算

由于多循环燃料管理计算涉及连续多个循环的堆芯物理计算,所以计算量非常大。因此,多循环计算一般采用近似的零维点堆物理模型。事实上,在堆芯中,不同组件位置的组件类型和燃耗深度是不一样的,它们对批料相对功率的影响非常明显。计算结果表明,如果按照现有的零维点堆物理模型计算,则靠近堆芯中心的组件相对功率偏低,靠近外围的组件相对功率偏高,这说明现有的零维点堆物理模型不够准确。

3.3.1　零维点堆物理模型简介

多循环燃料管理计算的主要任务是在给定循环初堆芯状态的条件下求出循环末堆芯状态,即在给定循环初各批料的富集度、燃耗、换料方案的条件下求出循环燃耗及循环末批料燃耗。

零维点堆物理模型由四部分组成:组件物理参数的处理、堆芯物理状态的表示、批料相对功率的求解、循环燃耗及循环末批料燃耗的计算。对于零维点堆物理模型,国外学者做了大量研究,提出了不同的做法,并研制出一些实用的多循环燃料管理计算程序,如 CYCLON、FLAC、BRACC、PUFLAC 等。国内学者结合了国外各模型的优点,提出了当时较先进的零维

点堆物理模型并研制出多循环燃料管理计算程序 MUTI,参见参考文献[4]。

程序 MUTI 中的零维点堆物理模型:采用溶硼反应性表示堆芯物理状态;批料相对功率的计算模型是二维 1.5 群粗网扩散模型;采用反照率表示堆芯泄漏,设组件反应性是组件富集度、可燃毒物棒根数、燃耗深度和批料相对功率的函数。除了不能详细考虑布料方案外,比较详细地考虑了其他因素。

3.3.2　组件物理参数的处理

程序 MUTI 中的零维点堆物理模型的组件物理参数处理方法依照燃料组件富集度(ε)和可燃毒物棒根数(A)将燃料组件分成不同类型,每种类型燃料组件的反应性可拟合成燃耗的函数 $\rho_A(B)$。对于特定的 ε 和 A(如 $A=0,2,4,8,12,16$),假设对燃耗 B 采用 m 次多项式拟合,对于第 i 批燃料组件的反应性 ρ_i 有

$$\rho_i = \sum_{j=0}^m \alpha_j B_i^j \qquad (3-27)$$

式中:α_j 为拟合多项式的系数;B_i 为第 i 批燃料组件的燃耗深度。

任意富集度的燃料组件的反应性可由已有的不同富集度燃料组件的反应性通过多项式插值得到。已有研究结果表明,把富集度作为反应性的自变量时,采用 $1/\varepsilon$ 线性插值可获得精确的结果。设已知两点(ε_1,ρ_1)、(ε_2,ρ_2),当 $\varepsilon=\varepsilon_3$ 时,根据 $1/\varepsilon$ 线性插值可得

$$\rho_3 = \frac{\rho_1\varepsilon_1(\varepsilon_3-\varepsilon_2) - \rho_2\varepsilon_2(\varepsilon_3-\varepsilon_1)}{(\varepsilon_1-\varepsilon_2)\varepsilon_3} \qquad (3-28)$$

以批料相对功率作为自变量时反应性采用如下公式

$$\rho_i = \rho_0(1-\alpha(f_i-1)) \qquad (3-29)$$

式中:ρ_i、ρ_0 分别为批料相对功率为 f_i、1.0 时的组件反应性;α 为常数。

这样非常详尽地考虑了组件富集度、可燃毒物棒根数、组件燃耗深度、组件相对功率对反应性的影响,采用拟合和内插相结合的方法,计算速度快,并且能达到一定的精度。

3.3.3　批料相对功率及堆芯溶硼反应性计算

当堆芯内含有可溶硼,堆芯临界($k_{\text{eff}}=1$)时的双群扩散方程为

$$\begin{cases} -D_1'\nabla^2\Phi_1 + \Sigma_{a1}'\Phi_1 + \Sigma_{12}'\Phi_1 - (\nu\Sigma_{f1}\Phi_1 + \nu\Sigma_{f2}\Phi_2) = 0 \\ -D_2'\nabla^2\Phi_2 + \Sigma_{a2}'\Phi_2 - \Sigma_{12}'\Phi_1 = 0 \end{cases} \qquad (3-30)$$

式中:Φ_1、Φ_2 分别为快、热群中子通量;D_1'、D_2' 分别为含溶硼影响的快、热群扩散系数;Σ_{a1}'、Σ_{a2}' 分别为含溶硼影响的快、热群宏观吸收截面;Σ_{12}' 代表含溶硼影响的快群向热群的转移截面;Σ_{f1}、Σ_{f2} 代表快、热群宏观裂变截面;ν 代表平均裂变中子数。

因为热中子泄漏远小于热中子吸收,即

$$D_2'\nabla^2\Phi_2 \ll \Sigma_{a2}'\Phi_2$$

可令 $D_2'\nabla^2\Phi_2 = 0$,则有:$\Sigma_{a2}'\Phi_2 = \Sigma_{12}'\Phi_1$,即

$$\Phi_2 = \frac{\Sigma_{12}'}{\Sigma_{a2}'}\Phi_1$$

又因为

$$\rho' = \frac{(\nu\Sigma_{f1}\Phi_1 + \nu\Sigma_{f2}\Phi_2) - (\Sigma_{a1}'\Phi_1 + \Sigma_{a2}'\Phi_2)}{\nu\Sigma_{f1}\Phi_1 + \nu\Sigma_{f2}\Phi_2}$$

$$= \frac{(\nu\Sigma_{f1} + \nu\Sigma_{f2}\dfrac{\Sigma'_{12}}{\Sigma'_{a2}}) - (\Sigma'_{a1} + \Sigma'_{12})}{\nu\Sigma_{f1} + \nu\Sigma_{f2}\dfrac{\Sigma'_{12}}{\Sigma'_{a2}}}$$

定义 $M^2 = \dfrac{D'_1}{\Sigma'_{a1} + \Sigma'_{12}}$，所以式(3－30) 可化为

$$\nabla^2\Phi_1 + \frac{1}{M^2}\frac{\rho'}{1-\rho'}\Phi_1 = 0 \tag{3-31}$$

式(3－31) 就是 1.5 群中子扩散方程。

又因为中子源：

$$\begin{aligned} q &= \nu\Sigma_{f1}\Phi_1 + \nu\Sigma_{f2}\Phi_2 \\ &= (\nu\Sigma_{f1} + \nu\Sigma_{f2}\frac{\Sigma'_{12}}{\Sigma'_{a2}})\Phi_1 \\ &= \frac{D'_1\Phi_1}{M^2(1-\rho')} \end{aligned}$$

所以快中子通量：

$$\Phi_1 = (1-\rho')\frac{M^2}{D'_1}q \tag{3-32}$$

程序 MUTI 中的零维点堆物理模型在求解批料相对功率时，由于外围组件不能被其他组件完全包围，有一个面或者两个面面向反射层，这时可通过反照率表示泄漏。因为内部组件能被其他组件完全包围，所以只需考虑它邻近的组件即可。因此需把堆芯内的燃料组件分为内部组件和外围组件分别进行讨论。

(1) 对于内部组件(非外围组件)。

假设它被堆芯平均组件包围，如图 3－2 所示。

把式(3－32) 代入式(3－31) 中可得

$$\nabla^2[(1-\rho')\frac{M^2}{D'_1}q] + \frac{\rho' q}{D'_1} = 0$$

假设 M^2、D'_1 对全堆芯相同，则上式化为

$$\nabla^2[(1-\rho')q] + \frac{\rho' q}{M^2} = 0 \tag{3-33}$$

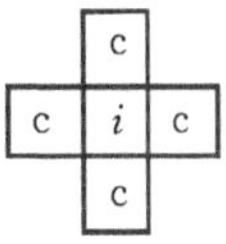

i— 第 i 区的一个组件；

c— 堆芯平均组件。

图 3－2　内部组件示意图

设堆芯总功率为 Q，堆芯组件总数为 N_T，第 i 批料的一个组件的源强为 q_i，堆芯内平均每产生一个中子释放的能量为 λ，则第 i 批料的一个组件的相对功率 $f_i \approx \dfrac{\lambda q_i}{(Q/N_T)}$，可以看出 f_i 正比于 q_i，则式(3－33) 可化为

$$\frac{f_c(1-\rho'_c) - f_i(1-\rho'_i)}{\frac{1}{4}h^2} + \frac{1}{M^2}\rho'_i f_i = 0 \tag{3-34}$$

式中：ρ'_c是堆芯平均组件反应性(含临界溶硼的影响)，$\rho'_c = 0$；f_c 是堆芯平均组件功率，$f_c = 1$；h 是组件宽度。

化简式(3－34) 可得第 i 批料的一个组件的相对功率为

$$f_i = \frac{1}{1-\theta\rho'_i} \tag{3-35}$$

式中：$\theta = 1 + \dfrac{h^2}{4M^2}$。

（2）对于外围组件。

假设它有一个面面对反射层，其余三个面被堆芯平均组件包围着，如图 3-3 所示。

设面对反射层的面处的快通量为 Φ_r，面对堆芯平均组件的面处快通量为 Φ_{ci}，则式（3-31）可化为

$$\frac{3\Phi_{ci} + \Phi_r - 4\Phi_i}{(h/2)^2} + \frac{1}{M^2}\frac{\rho'_i}{1-\rho'_i}\Phi_i = 0 \qquad (3-36)$$

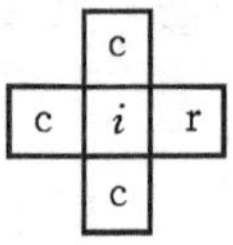

设　　　　　　　$\Phi_{ci} = \dfrac{1}{2}(\Phi_c + \Phi_i)$

反照率　　　　　$\alpha = J_{in}/J_{out}$

又因为
$$\begin{cases} J_{in} = \dfrac{\Phi_r}{4} + \dfrac{D'_1}{2}\Phi'_i \\[2mm] J_{out} = \dfrac{\Phi_r}{4} - \dfrac{D'_1}{2}\Phi'_i \end{cases}$$

i— 第 i 区的一个组件；

c— 堆芯平均组件；

r— 反射层。

图 3-3　外围组件示意图

式中：J_{in} 是由反射层流向组件的中子流；J_{out} 是由组件流向反射层的中子流；Φ'_i 是节块内以指向反射层为正向的通量的一阶导数，$\Phi'_i = \dfrac{\Phi_r - \Phi_i}{h/2}$。

代入上式可得

$$\Phi_r = \frac{\dfrac{4D'_1}{h}(1+\alpha)}{(1-\alpha) + \dfrac{4D'_1}{h}(1+\alpha)}\Phi_i$$

令

$$RL = \frac{\dfrac{4D'_1}{h}(1+\alpha)}{(1-\alpha) + \dfrac{4D'_1}{h}(1+\alpha)}$$

则　　　　　　　　　　　$\Phi_r = RL\Phi_i$

将 Φ_r、Φ_{ci} 代入式（3-36），又因为 $\rho'_c = 0$，$f_c = 1$，得到

$$f_i = \frac{1.5}{(2.5-RL)(1-\rho'_i)-(\theta-1)\rho'_i}$$

因为这是由一个面面对反射层的情况推导出来的，所以记为 $f_{i,1}$，即

$$f_{i,1} = \frac{1.5}{(2.5-RL)(1-\rho'_i)-(\theta-1)\rho'_i} \qquad (3-37)$$

同理可以推出两个面面对反射层的组件的相对功率为

$$f_{i,2} = \frac{1}{(3-2RL)(1-\rho'_i)-(\theta-1)\rho'_i} \qquad (3-38)$$

根据堆芯的具体情况外围组件的相对功率可由式（3-37）、式（3-38）组合得到：

$$f_i = (N_{R1}f_{i,1} + N_{R2}f_{i,2})/(N_{R1} + N_{R2}) \qquad (3-39)$$

式中：N_{R1} 为一个面面对反射层的组件数；N_{R2} 为两个面面对反射层的组件数。

最终可以得到第 i 批料中一个组件相对功率的计算公式为

$$f_i = \begin{cases} \dfrac{1}{1-\theta\rho_i'} & \text{内部组件} \\ (N_{R1}f_{i,1} + N_{R2}f_{i,2})/(N_{R1}+N_{R2}) & \text{外围组件} \end{cases} \quad (3-40)$$

式中：ρ_i' 为含可溶硼的反应性。

又因为

$$\begin{aligned}
\rho' &= \frac{(\nu\Sigma_{f1}\Phi_1 + \nu\Sigma_{f2}\Phi_2) - (\Sigma_{a1}'\Phi_1 + \Sigma_{a2}'\Phi_2)}{\nu\Sigma_{f1}\Phi_1 + \nu\Sigma_{f2}\Phi_2} \\
&= 1 - \frac{\Sigma_{a1}'\Phi_1 + \Sigma_{a2}'\Phi_2}{\nu\Sigma_{f1}\Phi_1 + \nu\Sigma_{f2}\Phi_2} \\
&= 1 - \frac{\Sigma_{a1}\Phi_1 + \Sigma_{a2}\Phi_2}{\nu\Sigma_{f1}\Phi_1 + \nu\Sigma_{f2}\Phi_2} - \frac{\Sigma_{a1}^{SB}\Phi_1 + \Sigma_{a2}^{SB}\Phi_2}{\nu\Sigma_{f1}\Phi_1 + \nu\Sigma_{f2}\Phi_2}
\end{aligned}$$

定义

$$\rho_{SB} = \frac{\Sigma_{a1}^{SB}\Phi_1 + \Sigma_{a2}^{SB}\Phi_2}{\nu\Sigma_{f1}\Phi_1 + \nu\Sigma_{f2}\Phi_2}$$

则

$$\rho' = \rho - \rho_{SB}$$

式中：ρ 是组件反应性，由组件计算程序得到；ρ_{SB} 是溶硼反应性，可通过堆芯临界搜索求得，ρ_{SB} 用来表示堆芯物理状态；Σ_{a1}^{SB}、Σ_{a2}^{SB} 分别为硼的快群、热群吸收截面。下面推导 ρ_{SB} 的计算公式。

对式（3-31）在全堆芯积分得

$$\int_\nu \nabla^2 \Phi_1 \, d\nu + \frac{1}{M^2}\int_\nu \frac{\rho'}{1-\rho'}\Phi_1 \, d\nu = 0 \quad (3-41)$$

利用奥高公式对式（3-41）整理可得

$$-\frac{1}{D_1'}\oiint_S J \, ds + \frac{1}{M^2}\int_\nu \rho' \frac{M^2}{D_1'}q \, d\nu = 0$$

即

$$-\oiint_S (J_{out} - J_{in}) \, ds + \int_\nu \rho' q \, d\nu = 0 \quad (3-42)$$

因为

$$J_{out} - J_{in} = -D_1'\Phi_1'$$

又

$$\Phi_1' = \frac{\Phi_r - \Phi_1}{h/2} = \frac{(RL-1)\Phi_1}{h/2}$$

所以

$$\Phi_1 = (1-\rho')\frac{M^2}{D_1}q$$

$$J_{out} - J_{in} = (1-RL)(1-\rho_i')\frac{2M^2 q_i}{h} \quad (3-43)$$

因为 f_i 正比于 q_i，将式（3-43）代入式（3-42）可得

$$\sum_{i=1}^n N_i \rho_i' f_i - N_R(1-RL)(1-\rho_j')\frac{2M^2}{h^2}f_j = 0 \quad (3-44)$$

式中：N_R 为堆芯外围组件数；j 为边缘组件批料号；N_i 为第 i 批料组件数，i 为堆芯所有组件批料号，n 为堆芯内总的批料数。因为

$$\rho_i' = \rho_i - \rho_{SB}$$

$$\rho_j' = \rho_j - \rho_{SB}$$

代入式（3-44）中整理可得

$$\rho_{SB} = \frac{\sum_{i=1}^{n} N_i \rho_i f_i - N_R(1-RL)(1-\rho_j) \frac{2M^2}{h^2} f_j}{N_T + N_R(1-RL) \frac{2M^2}{h^2} f_j} \qquad (3-45)$$

所以联立式(3-40)和式(3-45)即可以求出用来表示堆芯物理状态的溶硼反应性 ρ_{SB} 和批料相对功率 f_i。M^2、D_1' 可不取实际值,而作为调节因子使用,由于边界情况较复杂,N_R 不一定取实际值,也可以作为调节量使用。

例如,对于秦山核电厂堆芯,外围组件中一个面面对反射层的组件数为 12,两个面面对反射层的组件数为 20,所以边缘组件的相对功率为

$$f_i = (12f_{i,1} + 20f_{i,2})/32 \qquad (3-46)$$

3.3.4　循环燃耗及循环末批料燃耗计算

程序 MUTI 中的零维点堆物理模型是通过计算寿期初、末两点的批料相对功率来计算整个循环平均的批料相对功率,即

$$f_i = \frac{1}{2}(f_i^{BOC} + f_i^{EOC}) \qquad (3-47)$$

它要比 $f_i = f_i^{EOC}$ 精确得多。

将式(3-45)应用到寿期末得

$$\rho_{SB}^{EOC} = \frac{\sum_{i=1}^{n} N_i \rho_i^{EOC} f_i^{EOC} - N_R(1-RL)(1-\rho_j^{EOC}) \frac{2M^2}{h^2} f_j^{EOC}}{N_T + N_R(1-RL) \frac{2M^2}{h^2} f_j^{EOC}} \qquad (3-48)$$

当指定堆芯、循环、布料方案时,ρ_{SB} 只是循环燃耗 ΔB 的函数,因此,求解循环燃耗实际上是求方程式(3-48)的根,可采用简化牛顿法求解循环燃耗。

大量计算数据表明,ρ_{SB} 对 ΔB 的一阶导数约为 -10,因此得牛顿下山法迭代公式为

$$\Delta B^{n+1} = \Delta B^n + 10\rho_{SB}^n \qquad (3-49)$$

式中:n 表示迭代次数。

根据循环末溶硼反应性 ρ_{SB} 趋于零,迭代求出循环燃耗 ΔB 后,用下面的公式可求出循环末批料燃耗为

$$B_i^{EOC} = B_i^{BOC} + f_i \Delta B, \qquad i = 1, 2, \cdots, n \qquad (3-50)$$

式中:B_i^{EOC} 为循环末第 i 批料的平均燃耗;B_i^{BOC} 为循环初第 i 批料的平均燃耗;ΔB 为循环燃耗深度。

3.4　多循环燃料管理优化

在平衡循环中,每一个或者每几个循环构成一个循环节,节内每个循环的新料富集度、新料组件数、循环寿期、卸料燃耗等一系列特性参数在相邻节之间以节为周期不断地重复,堆芯处于一种理想的平衡状态。

循环节的引入,扩充了平衡循环的概念。这样,不仅过渡循环的设计是一个多循环换料设计最优化问题,并且,平衡循环的实现也将是一个多循环换料设计最优化问题。多循环优化的

主要目的就是通过优化设计,使反应堆以最优过渡态的方式向理想的平衡态逼近。一旦反应堆进入平衡状态,多循环优化就可简化为单循环节换料设计最优化(一个循环节只包含一个循环的情况即为单循环优化问题),从而给核电厂运行管理以及换料最优化设计带来极大地方便。然而在核电厂实际运行中,由于各种各样的循环寿期干扰(降功率延长运行),以及运行实际和约束条件的变化,平衡态难以真正达到,反应堆通常处于过渡循环状态。因此,研究平衡态虽然是必要的,但是在工程实践中,研究过渡循环阶段的多循环优化问题往往有更重要的作用。

对于压水堆核电厂,燃料组件在堆芯中通常要连续装载几个循环才卸出堆外,使得前面循环影响后续的几个循环,造成按给定目标函数实现的单循环"最优"不能保证多个循环的总效果最优。例如,某个单循环的循环寿期最大,会给后续循环带来缩短循环寿期的不利影响,使多循环总的循环寿期不是最大。因此,研究多循环优化问题必须综合考虑从新燃料组件装入堆芯直到其全部卸出的相继几个循环,使多循环总体目标函数达到最优。

多循环优化问题的难点在于反应堆的多批换料导致各连续循环间发生耦合,多循环优化问题必须综合考虑所有连续循环。多循环优化与单循环优化相比,并不仅仅是自变量增加了几倍,问题自身的性质也发生了很大改变。多循环问题中同时包含了两种组合关系,一种是同一循环内组件摆放位置的组合关系,另一种是相邻循环之间布料方案的组合关系。这两种组合关系的特点完全不同,对目标函数的影响方式也不相同。因此以前用来处理单循环问题的算法,都不能直接用来处理多循环优化。单循环优化的计算量已经比较大,而多循环优化同时考虑几个循环的相互影响,如果不能采取非常有效的算法,则计算量会呈指数增加,这样的计算量是无法接受的。因此应用于多循环的算法必须是能够有效的节省计算量的算法,即"智能性"非常好的算法。

由于多循环优化问题的这些复杂性,使得真正的多循环优化非常困难,目前国际上还没有很好的解决办法。传统的方法一般是先采用非常简化的含有批料的零维点堆物理模型进行点堆多循环优化,然后用它的结果来指导依次的单循环优化。具体的步骤如下。

第一步,简化堆芯模型,将堆芯内的组件分为几批料(例如 3 批),以每批料的平均参数(功率、燃耗等)作为自变量,利用零维点堆物理模型进行多循环优化计算,得到多循环每个循环的最优参数(批料功率、批料燃耗、循环寿期等)。

第二步,以第一步得到的结果为指导,进行依次的真实堆芯物理模型下的单循环优化,使得每个单循环的堆芯参数尽量与第一步得到的最优参数接近。

这种点堆多循环优化方法比依次的单循环优化的结果要好一些,因为它毕竟考虑了各个循环之间的相互影响。但是这种方法对于多循环问题解决得还不够圆满,它有个致命的缺陷:它采用的零维点堆物理模型过于粗糙,不能够精确到每个组件,与真实的堆芯情况差别较大。

3.4.1　多循环优化目标

对于多循环优化问题,有多种提法,例如给定每个循环投入的新料组件信息(富集度、新料数),优化每个循环的布料方案 LP^k,使得多循环总的循环寿期最大;或者给定每个循环的循环寿期,优化新料组件的投入方案(富集度、新料数)和每个循环的布料方案 LP^k,用最少的总燃料费用来实现指定的各个循环寿期,等等。

这里以给定每个循环投入的新料组件信息,优化多循环每个循环的布料方案 LP^k,使得多循环总的循环寿期最大为例来介绍多循环优化模型。假设所考虑的多循环的循环数为 N，堆芯内的组件个数为 M，则该多循环问题可表示如下。

目标函数为

$$\max T = \sum_{k=1}^{N} T^k \tag{3-51}$$

自变量为

$$X \equiv LP^k, \ k = 1, 2, \cdots, N \tag{3-52}$$

式中：T^k 为第 k 循环的循环寿期（用循环燃耗表示）；LP^k 为第 k 循环堆芯内的布料方案。

约束条件是 $\quad f_{\min} < f_i^k < f_{\max}, 0 < B_{i,\mathrm{EOC}}^k < B_{\lim}, i = 1, 2, \cdots, M$

式中：f_i^k 和 $B_{i,\mathrm{EOC}}^k$ 分别是根据 LP^k 作真实堆芯物理计算所得到的第 k 循环中各个组件的相对功率和循环末燃耗深度，$B_{\lim}$ 为燃耗限值。

由于该多循环优化问题中同时含有两种完全不同性质的组合关系，使得问题很难处理。因此在下面的求解中，首先通过变量代换将这两种组合关系脱耦。

将自变量 $X(LP^k)$ 中的 LP^k 代换成 f_i^k，则该多循环优化问题转化成下面的问题。

目标函数为

$$\max T = \sum_{k=1}^{N} T^k \tag{3-53}$$

自变量为

$$X \equiv f_i^k, k = 1, 2, \cdots, N \tag{3-54}$$

约束条件如下。

(1) $f_{\min} < f_i^k < f_{\max}, 0 < B_{i,\mathrm{EOC}}^k < B_{\lim}, i = 1, 2, \cdots, M$。

(2) 相对功率归一条件： $\quad \displaystyle\sum_{i=1}^{M} f_i^k = M, k = 1, 2, \cdots, N$

(3) 换料耦合条件： $\quad B_{i,\mathrm{EOC}}^k - f_i^k T^k = B_{j,\mathrm{EOC}}^{k-1}, \varepsilon_i^k = \varepsilon_j^{k-1}$

式中：f_i^k 为第 k 循环中第 i 个组件在该循环内的平均相对功率；ε_i^k 为第 k 循环中第 i 个组件的富集度。

(4) 对于每一个给出的解 f_i^k，必须存在布料方案 LP^k，使得在实际堆芯计算情况下，第 k 循环中组件的平均相对功率恰好为 f_i^k，并且能达到解 f_i^k 对应的循环寿期 T^k，即这个解必须能够在实际堆芯计算情况下真正实现。

可以看出，前述两种表达方式其实是同一个问题，只是在形式上作了改变。因为当从第二种方式中解得多循环最优的组件平均相对功率 f_i^k 后，通过单循环优化搜索得到能够使这样的功率分布 f_i^k 被实现的多循环布料方案 LP^k，这样即可得到第一种方式的解 LP^k，反之亦然。

这样，对于该多循环问题的求解就可以分为以下两步。

第一步：通过变量代换，将多循环优化问题中的两种耦合关系分解开来，求解新问题得到多循环最优的组件平均相对功率 f_i^k。

第二步：利用第一步得到的 f_i^k，依次进行单循环的布料方案搜索（使用单循环优化程序来实现），得到每个循环 f_i 所对应的布料方案 LP，从而得到原问题的解 LP^k。

约束条件(4)要求在上面的第二步中通过 f_i^k 求 LP^k 时必须要有解，这是因为根据 LP^k 计算 f_i^k 时一定会有解，而从 f_i^k 计算 LP^k 时却不一定会有解。判断该约束条件是否被满足，其实就

是依次判断由 f_i^k 得到的每个循环的组件平均相对功率 f_i 是否能够存在布料方案 LP 来实现，可见这步过程是 N 个相对独立的单循环问题。

除了约束条件（4）以外，其他的约束条件以及目标函数与自变量 X 之间都是线性的或者非常简单的函数关系。而最复杂的约束条件（4）却是一个没有涉及到各循环之间耦合关系的 N 个独立的单循环问题。这样，在考虑多循环耦合关系时不用做复杂的堆芯物理计算，而在做堆芯物理计算时不用考虑多循环之间的耦合关系。这就使得该多循环优化问题可以通过某些处理被分解成相对独立的单循环问题。

3.4.2　多循环堆芯物理模型

由于在进行多循环优化时，各循环的组件平均相对功率由优化方法产生，而不是依赖于简化的堆芯物理模型，所以零维点堆物理模型主要包括三部分：组件物理参数的处理、堆芯物理状态的表示、循环寿期及循环末组件燃耗的计算。

为了方便计算，采用堆芯反应性表示堆芯物理状态，循环寿期根据循环末堆芯反应性的值迭代搜索求出，根据循环寿期与组件平均相对功率可求出循环末组件燃耗。具体计算公式如下

$$B_{i,\mathrm{EOC}}^k = B_{i,\mathrm{BOC}}^k + f_i^k T^k, i = 1,2,\cdots,M; k = 1,2,\cdots,N \tag{3-55}$$

$$\rho_{\mathrm{EOC}}^k = \frac{1}{M}\sum_{i=1}^M f_i^k \rho_{i,\mathrm{EOC}}^k - \rho_{\mathrm{L,EOC}}^k, k = 1,2,\cdots,N \tag{3-56}$$

式中：$B_{i,\mathrm{BOC}}^k$ 为第 k 循环中第 i 个组件循环初的燃耗；式（3-56）是经验公式；ρ_{EOC}^k、$\rho_{\mathrm{L,EOC}}^k$ 分别为第 k 循环末的堆芯反应性与泄漏反应性，对于压水堆堆芯而言，$\rho_{\mathrm{L,EOC}}^k$ 一般为 0.03 左右，ρ_{EOC}^k 一般为 0.001 左右；$\rho_{i,\mathrm{EOC}}^k$ 为第 k 循环中第 i 个组件循环末的组件反应性，通过组件物理参数拟合公式直接可以得到。

联立式（3-55）、式（3-56）组成方程组，给定每个循环的循环末堆芯反应性 ρ_{EOC}^k 和泄漏反应性 $\rho_{\mathrm{L,EOC}}^k$，就可通过迭代搜索求得每个循环的循环寿期 T^k，这样给出一组组件平均相对功率 f_i^k 就可得到一个目标函数值 T，求解组件平均相对功率获得最优的多循环总的寿期这一优化问题得以建立。该优化问题非常复杂，自变量维数为 $M \cdot N$。

求得每个循环最优的组件平均相对功率 f_i^k 后，单循环优化使实际各循环组件平均相对功率同最优的组件平均相对功率之差最小的目标便得到了，通过现有的成熟的单循环优化方法就可以得到多循环每个循环的布料方案 LP^k。

参考文献

［1］　谢仲生.核反应堆物理分析［M］.修订版.西安：西安交通大学出版社，2004.

［2］　谢仲生.压水堆核电厂堆芯燃料管理计算及优化［M］.北京：原子能出版社，2001.

［3］　刘玉华.秦山核电厂多循环燃料管理及优化研究［D］.西安：西安交通大学，2006.

［4］　宁建华.秦山核电厂多循环燃料管理研究［D］.西安：西安交通大学，1994.

［5］　程平东，沈炜.低泄漏堆芯燃料管理的一种多循环优化方法［J］.核科学与工程，1999，19
　　　（1）：8-13.

第 4 章

单循环燃料管理与优化

4.1 堆芯换料方案

对反应堆而言,最简单的情况是均匀装料,即在整个堆芯中采用相同富集度的燃料组件。在这种装料方式下,堆芯中心区域的中子通量密度很高,寿期初堆芯的功率峰因子很大,因而限制了反应堆的输出功率,这是均匀装料方式的一大缺点。另一方面由于堆芯中心区域功率密度很大,因而该区域的燃料消耗很快;而堆芯边缘区域由于功率密度很小,因而这一区域的燃料消耗很慢。这样,在堆芯寿期末,虽然功率密度分布已趋于平坦,但是由于中心区域燃料消耗过快,反应堆不得不停堆换料,在卸出的核燃料中,边缘燃料元件的燃耗深度一般都很浅,所以反应堆的平均卸料燃耗深度不高,这是均匀装料方式的另一缺点。

为了克服均匀装料方式的缺点,通常采用非均匀的分区装料方式,在这种装料方式下,把堆芯按径向分成若干区域,然后在不同区域装载富集度和燃耗深度不同的燃料(见图 4-1)。例如,在某一压水堆中,从中心到边缘分为三区,三区燃料^{235}U 的富集度均为 3.0%,分别燃耗了 2 个循环、1 个循环和 0 个循环。换料时,先把燃耗深度最大的一批组件卸出堆芯,然后替换上新的燃料组件。新的和旧的(已烧过的)燃料组件的相对布置有多种方案可供选择。

以压水堆为例,常见的换料方案有以下两种。

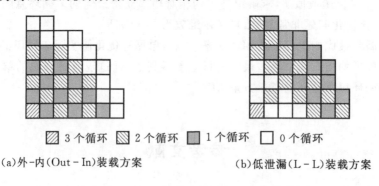

▨ 3 个循环 ▧ 2 个循环 ■ 1 个循环 □ 0 个循环

(a)外-内(Out-In)装载方案   (b)低泄漏(L-L)装载方案

图 4-1 1/4 堆芯燃料装载示意图

(1)外-内(Out-In)装载方案。这是压水堆传统的一种装料方式,它在堆芯外区布置新料,而在堆芯内部分散交替地排列已在堆内燃烧了一个和两个循环的燃料组件(见图 4-1(a))。这样,一方面由于新料装在堆芯最外区,展平了全堆芯的中子通量密度分布,降低了整体功率峰;另一方面,由于堆芯内局部的反应性分布也比较均匀,中心区域的中子通量密度分布将像精细的波浪形,因此降低了局部功率峰因子。这种方案在 20 世纪 80 年代曾被广泛地采用。但是这种方法有个明显的缺点,由于新料布置在外缘,中子泄漏比较严重,导致中子利用率降低并且对压力壳的辐射损伤很大。

(2)低泄漏(L-L)装载方案。这是自 20 世纪 70 年代末开始发展起来的一种压水堆的装料方式,目前世界上多数压水堆核电厂已采用了该换料方案。在这种换料方案中,新燃料组件多数布置在离开堆芯边缘靠近堆芯中心区的位置上,与烧过一个循环的组件交替地布置在堆芯的中间区,而把烧过两个循环(燃耗深度比较大)的组件安置在芯部最外面的边缘区(见图4-1(b))。这种装载方案的重要优点在于:由于新料布置在堆芯内区,最外区是燃耗深度较大的辐照过的组件,因而堆芯边缘中子通量密度较低,从而减少了中子从堆芯的泄漏,提高了中子利用的经济性,延长了堆芯寿期。或者,在保持循环长度和新料组件数不变的情况下,这种低泄漏换料方案的新料富集度可比外-内装料方案减少 5%~10%。更重要的是由于快中子泄漏的降低,减少了反应堆压力容器的中子注量,降低了对压力容器的热冲击,从而可延长压力壳和反应堆的使用寿命。

但是,低泄漏装料也带来了新的问题。由于新燃料组件被移到堆芯内部,因而使功率峰值较外-内换料方案时增加。为了得到可接受的功率峰值,除了恰当地对燃料组件进行合理布置外,还必须将一定数量的可燃毒物放在新燃料组件中,从而降低功率峰。但到寿期末可燃毒物未能全部烧完,尚残留一小部分,这就减少了反应堆的剩余反应性,缩短了堆芯的寿期,带来所谓的可燃毒物反应性惩罚。另外,由于采用了大量的可燃毒物,而可燃毒物随着燃耗深度增加将不断消失,因此功率峰值可能随燃耗的增加而增大,所以在低泄漏换料方案中应检验整个循环寿期内功率峰值的变化,使其满足安全约束条件。低泄漏换料方案的堆芯装换料方案设计要比通常的换料设计复杂得多,因为除了要确定各种燃料组件在堆芯的布置外,还需要解决可燃毒物的合理分布问题。在低泄漏的换料方案中,由于燃料组件和可燃毒物的布置有多种可能,因此在换料方案设计时需要根据经验对各种可能的方案进行详细比较分析或通过优化来确定。

4.2　堆芯换料优化模型

对一般的压水堆来讲,如何在满足电力系统能量需求的前提下,以及在核电厂安全运行的设计规范和技术要求的限制下,尽可能地提高核燃料的利用率,降低核电厂的单位能量成本,是一个关系到核电厂经济性的重要研究课题。而长期以来几乎所有的核电厂的换料方案都是基于大量的实践经验、经过反复选择分析而得来的。这样做不仅工作量很大,而且不可避免地受到人为因素的限制,无法获得真正的最优解。因此通过堆芯换料优化以获得最优候选换料方案,对减少人为工作量,降低燃料成本具有重要的意义。

堆芯换料优化就是指通过寻求满足约束条件的最优布料方案和可燃毒物布置方案,来达到最安全或最经济的目标。该问题研究的关键在于建立一种切实可行的优化模型,利用该模型可以得到一个满足工程需求的最优化的堆芯装载方案。在安全性方面体现为堆芯功率峰因子最小,核电厂实际运行可利用的安全裕量增加;在经济性方面体现为堆芯燃料组件平均卸料燃耗增加,循环长度延长,燃料成本降低。因此,堆芯换料优化问题的解决无疑将给核电厂带来巨大的经济效益。

堆芯换料设计优化的任务就是要在多循环燃料管理所确定的燃料管理策略下,在确保核电厂安全运行的前提下,寻求堆内燃料组件和可燃毒物的最优空间布置,以使核燃料循环能量成本最小。由于要准确计算循环的能量成本必须进行经济性分析,这是比较复杂的,因此在实际的换料设计优化中,人们常选择一些直接和燃料循环成本有关的非费用函数作为优化时的目标函数,常用的有:

(1)循环末(EOC)从反应堆卸出的燃料组件的平均卸料燃耗深度 B^d 最大,即 max B^d。

(2)循环初(BOC)堆芯燃料的装载量与循环期间所产生的能量之比最小,这等价于:

①对于给定的 BOC 堆芯燃料富集度,使循环长度 T^c 最长,或使循环的能量输出最大,即 max T^c;

②对于给定的循环长度或能量输出,使 BOC 堆芯燃料装载量最小。

(3)给定 BOC 燃料富集度和循环长度,使 EOC 堆芯的反应性或临界可溶硼浓度 C_B 最大,即 maxρ^{EOC} 或 maxC_B^{EOC};

(4)在许多情况下,从安全角度出发把要求在整个循环期间堆芯的最大功率峰因子 K 最小作为目标函数,即

$$\min K(t) = \min \frac{P_{max}(r,t)}{\frac{1}{V}\int P(r,t)\mathrm{d}V} \qquad (4-1)$$

式中:分子 $P_{max}(r,t)$ 为 t 时刻堆芯内功率密度的最大值,而分母则是该时刻堆芯的平均功率密度。

换料设计优化常用的约束条件有:

(1)整个循环期间堆芯的最大功率峰值小于许可值;

(2)燃料组件的最大卸料燃耗深度小于许可值,随着燃料组件设计的改进,燃料组件卸料燃耗的许可值在不断提高,目前已达到 $70 \sim 75\,\mathrm{GW \cdot d/tU}$;

(3)堆芯的慢化剂温度系数为负值;

(4)停堆深度不低于某一规定值;

(5)新料的富集度小于某一规定值,这往往是燃料供应商提出的约束条件。

研究上述目标函数与反应堆的状态方程不难发现堆芯换料设计优化问题具有如下的特点:

(1)是一个与时间有关的动态规划问题;

(2)由于燃料组件位置,可燃毒物和数量等控制变量在可行域内是离散变化的,因而该问题必须用比通常连续变量规划更困难的多维整数规划方法求解;

(3)问题的非线性,例如堆芯的燃耗分布与堆芯功率分布之间存在着密切的互相依赖关系;

(4)目标函数与部分约束条件不能用表达式直接表示,它们的值只能通过求解复杂的反应堆多维中子扩散方程和燃耗方程来获得;

(5)需多次重复地进行堆芯的扩散-燃耗计算。

上述特点使得堆芯换料优化问题变得非常复杂、耗时而且很难处理,同时优化设计问题的规模随着控制变量数目的增加按指数规律增长。例如典型的三区装载压水堆堆芯含 193 个燃料组件,即使在堆芯 1/4 对称布置且无可燃毒物的条件下,也有 10^{43} 量级个可能的堆芯装载方案,因此,要通过有限的计算量在这么巨大的搜索空间中找出一个全局最优的方案是极其困难

甚至是不可能的。正因为如此，在实际工程中常采用一些近似的方法，例如采用线性化、变量之间脱耦等方法来缩小问题的规模。

堆芯换料优化问题是一个极其复杂的非线性、多目标、多约束的组合优化问题，模型的建立非常困难，计算量也很大。自 20 世纪 60 年代以来，堆芯物理界同行们一直在试图解决这个问题，但至今还没有一个公认的可行办法。

自 20 世纪 60 年代以来，国际上就已开始采用线性规划、正交设计等确定论方法来解决反应堆换料优化问题，但这些方法大多采用简化的优化模型，因而得到的往往是不能满足工程需求的近似解。随着当今计算机技术的迅猛发展，一些非确定论优化方法如专家系统、遗传算法（Genetic Algorithms，简称 GA）、模拟退火算法（Simulated Annealing，简称 SA）、神经网络等，通过模拟或揭示某些自然现象或过程而得到发展，为解决堆芯换料优化问题提供了新的思路和手段。

专家系统作为人工智能的一个分支最早被用于堆芯换料优化设计中，美国、日本及中国台湾等许多国家和地区都进行了较深入的研究，并得到了比较满意的优化结果。但由于其"规则库"的建立需要大量的实践经验，因此，对专家系统的研究在一定程度上受到了人为因素的影响，而且该系统使用哈林（Haling）原理指导堆芯装载来满足设计限制，因而无法摆脱局部优化的缺陷。

模拟退火算法是一种适合解大规模组合优化问题的通用有效的近似算法，它以其描述简单和较少受初始条件限制的优点被用于堆芯换料优化设计研究中。早在 1991 年，Kropaczek 和 Turinsky 等人就研究了基于二阶精度微扰理论的模拟退火算法，Stevens 等人（1995）则研究了基于堆芯计算程序 SIMULATE - 3 和组件计算程序 CASMO - 3 的模拟退火算法，这些研究都取得了比较好的结果。然而，由于 SA 算法的某些收敛条件无法严格实现，即使可以实现的那些收敛条件，也常常因为实际应用的效果不理想而不被采用。因此，至今 SA 算法的参数选择依然是一个难题。

在诸多的优化方法中，遗传算法以其较强的解决问题的能力和良好的全局搜索能力被广泛应用于各种工程优化领域。早在 20 世纪 80 年代，国际上就已开展了遗传算法在堆芯换料优化设计中的应用研究，特别是 90 年代以后，随着计算机技术的发展，遗传算法开始备受瞩目。Moga 在应用遗传算法对堆芯换料进行优化的研究中采用了整数编码方法和特定的杂交算子（HTBX）。Cugaro 采用了基于二进制编码的遗传算法和基于哈林功率分布的专家系统构成的混合算法；Gallop 则研究了另一种混合算法在压水堆换料优化中的应用，它首先采用遗传算法对燃料组件和可燃毒物布置进行优化，然后采用局部搜索算法进行旧料旋转优化。尽管上述研究中采用的具体方法不尽相同，但其研究结果都表明了遗传算法应用于堆芯换料优化中能够得到比较满意的结果，而且还可以采用其他优化策略来改进遗传算法的优化性能。

国内也开展了专家系统、遗传算法及模拟退火算法等在各种反应堆堆芯优化设计方面的初步研究。这些研究结果表明，遗传算法比其他优化算法更容易得到比实际布料方案更好的结果。作为一种通用的优化算法，相比而言，其编码技术和遗传操作比较简单，优化不受限制性条件的约束，算法容易实现。而且在其迭代收敛后，得到的是一组优化解。这对核电厂堆芯换料优化问题特别有益，因为在优化过程中，我们不可能考虑到所有的工程约束条件，如卡棒事故、停堆深度等，这些条件不妨放在优化收敛后进行校核。显然，一组较优解为工程师提供了更广阔的选择空间，更有利于从一组较优解中找到满足要求的优化解。但是，遗传算法是一种复杂的非线性智能计算模型,纯粹用数学方法很难预测其运算结果,因此,导致了实际应用中算法参数选取的困难。为了实现良好的优化性能,GA 需要较大的种群数和较长的遗传步数,而且在有限的计算时间内,算法易于"陷入"局部最优。

Poon 和 Parks(1993)曾做过遗传算法与模拟退火算法的比较研究,结果发现遗传算法具有较好的全局搜索能力,而模拟退火算法则具有较好的局部搜索能力。利用遗传算法和模拟退火算法各自的优点,将遗传算法和模拟退火算法作为子算法,即可构造出一类退火遗传算法(简称 GASA)混合优化策略。混合算法中 SA 的嵌入,是对 GA 变异操作的一种有效的补充,赋予优化过程在各状态具有可控的概率突跳性,尤其在高温时使得算法具有较大的突跳性,是避免陷入局部极小的有力手段,也减弱了 GA 对算法参数的过分依赖性。所以,混合策略使得避免陷入局部最优的能力得到提高,对算法参数的选择也不必过分严格。

4.3　遗传算法基本模型

4.3.1　遗传算法模型

遗传算法是一类借鉴生物界自然选择和自然遗传机制的随机化搜索算法,由美国 J. Holland 教授提出,其主要特点是群体搜索策略和群体中个体之间的信息交换,搜索不依赖于梯度信息。它尤其适用于处理传统搜索方法难于解决的复杂和非线性问题,可广泛用于组合优化、机器学习、自适应控制、规划设计和人工生命等领域,是 21 世纪智能计算中的关键技术之一。本章先从生物进化讲起,接着示例介绍简单遗传算法的具体设计方法和步骤,然后归纳出遗传算法的一般特点,最后阐述遗传算法在燃料管理换料优化中的应用思想。

遗传算法是一种群体型操作,该操作以群体中的所有个体为对象。选择(selection)、杂交(crossover)和变异(mutation)是遗传算法的 3 个主要操作算子,它们构成了所谓的遗传操作(genetic operation),使遗传算法具有其他传统方法所没有的特性。遗传算法中包含了如下 5 个基本要素:①参数编码;②初始群体的设定;③适应函数的设计;④遗传操作设计;⑤控制参数设定(主要是指群体大小和使用遗传操作的概率等)。这 5 个要素构成了遗传算法的核心内容。

下面就遗传算法的几个步骤作一简单说明。

(1)编码。由于遗传算法不能直接处理解空间的解数据,因此我们必须通过编码将它们表示成遗传空间的基因型串结构数据。

(2)初始群体的生成。由于遗传算法的群体型操作需要,所以我们必须为遗传操作准备一个由若干初始解组成的初始群体。

(3)适应值评估检测。遗传算法在搜索进化过程中一般不需要其他外部信息,仅用评估函数来评估个体或解的优劣,并作为以后遗传操作的依据。评估函数值又称作适应值(fitness)。

(4)选择。选择或复制操作的目的是为了从当前群体中选出优良的个体,使它们有机会作为父代繁殖下一代子孙。判断个体优良与否的准则就是各自的适应值。显然这一操作是借用了达尔文适者生存的进化原则,即个体适应值越高,其被选择的机会越多。选择操作实现方式很多,我们常采用的是按适应值成比例的概率方法来进行选择。具体地说,就是首先计算群体中所有个体适应值的总和($\sum\limits_{j} f_j$),再计算每个个体的适应值所占的比例($f_i / \sum\limits_{j} f_j$),并以此作为相应的选择概率($P_s$)。

(5)杂交操作。简单的杂交(即一点杂交)可分两步进行:首先对配对库中的个体进行随机配对;其次,在配对个体中随机设定杂交位,配对个体彼此交换部分信息。

需要指出的是,杂交操作是遗传算法中最主要的遗传操作。由于杂交操作我们得到了新一代个体。

(6)变异。变异操作是按位(bit)进行的,即把一位的内容进行变异。对于二进制编码的个体来说,若某位原为 0,则通过变异操作就变成了 1,反之亦然。变异操作同样也是随机进行的。一般而言,变异概率 P_m 都取得很小。

上述的遗传算法操作过程构成了标准的遗传算法,有时也叫简单遗传算法,简称 SGA (Simple GA)。SGA 的特点是:①采用赌轮选择方法;②随机配对;③采用一点杂交并生成两个子个体;④群体内允许有相同的个体存在。

遗传算法的特点,可以从它和传统的搜索方法的对比以及分析它和若干搜索方法与自律分布系统的亲近关系充分体现出来。

4.3.2　遗传算法和其他传统搜索方法的对比

首先让我们把它和几个主要的传统搜索方法作一简单对比,以此来看看遗传算法的鲁棒性到底强在哪里? 作为一个搜索方法,它的优越性到底体现在何处?

解析方法是常用的搜索方法之一。它通常通过求解使目标函数梯度为零的一组非线性方程来进行搜索。一般而言,若目标函数连续可微,解的空间方程比较简单,解析法还是可以用的。但是,若方程的变量有几十或几百个时,它就无能为力了。爬山法也是常用的搜索方法,它和解析法一样都是属于寻找局部最优解的方法。对于爬山法而言,只有在更好的解位于当前解附近的前提下,才能继续向优化解搜索。显然这种方法对于具有单峰分布性质的解空间才能进行行之有效的搜索,并得到最优解,而对于多峰空间,爬山法(包括解析法)连局部最优解都很难得到。

另一种典型的搜索方法是穷举法。该方法简单易行,即在一个连续有限搜索空间或离散无限搜索空间中,计算空间中每个点的目标函数值,且每次计算一个。显然这种方法效率太低且鲁棒性不强。许多实际问题所对应的搜索空间都很大,无法在有限时间内逐一求解。

随机搜索方法比起上述的搜索方法有所改进,是一种常用的方法,但它的搜索效率依然不高。一般而言,只有解在搜索空间形成紧致分布时,它的搜索才有效。但这一条件在实际应用中难于满足。需要指出的是,我们必须把随机搜索(random search)方法和随机化技术(randomized technique)区分开来。遗传算法就是一个利用随机化技术来指导对一个被编码的参数空间进行高效搜索的方法。而另一个搜索方法——模拟退火方法也是利用随机化处理技术来指导对于最小量状态的搜索。因此,随机化搜索技术并不意味着是无方向搜索,这一点是与随机搜索有所不同的。

当然,前述的几种传统的搜索方法虽然鲁棒性不强,但在一定的条件下,尤其是将它们混合使用也是有效的。不过,当面临更为复杂的问题时,必须采用像遗传算法这样更好的方法。

遗传算法具有很强的鲁棒性,这是因为比起普通的优化搜索方法,它采用了许多独特的方法和技术,归纳起来,主要有以下几个方面。

(1)遗传算法的处理对象不是参数本身,而是对参数集进行编码的个体。此编码操作,使得遗传算法可直接对结构对象进行操作。所谓结构对象泛指集合、序列、矩阵、树、图和表等各种一维或二维甚至三维结构形式的对象。这一特点,使得遗传算法具有广泛的应用领域。比如:

①通过对连接矩阵的操作,遗传算法可用来对神经网络或自动机的结构或参数加以优化;

②通过对集合的操作,遗传算法可实现对规则集合或知识库的精炼而达到高质量的机器学习目的;

③通过对树结构的操作,用遗传算法可得到用于分类的最佳决策树;

④通过对任务序列的操作,遗传算法可用于任务规划,而通过对操作序列的处理,遗传算法可自动构造顺序控制系统。

(2)如前所述,许多传统搜索方法都是单点搜索算法,即通过一些变动规则,问题的解从搜索空间中的当前解(点)移到另一解(点)。这种点对点的搜索方法,对于多峰分布的搜索空间常常会陷于局部的某个单峰的优化解。相反,遗传算法采用同时处理群体中多个个体的方法,即同时对搜索空间中的多个解进行评估。更形象地说,遗传算法是并行地爬多个峰。这一特点使遗传算法具有较好的全局搜索性能,减少了陷于局部优解的风险。同时,这使遗传算法本身也十分易于并行化。

(3)在标准的遗传算法中,基本上不用搜索空间的知识或其他辅助信息,而仅用适应函数值来评估个体,并在此基础上进行遗传操作。需要着重提出的是,遗传算法的适应函数不仅不受连续可微的约束,而且其定义域可以任意设定。对适应函数的唯一要求是,通过输入参数可计算出能加以比较的正的输出。遗传算法的这一特点使它的应用范围大大扩展。

(4)遗传算法不是采用确定性规则,而是采用概率的变迁规则来指导它的搜索方向。遗传算法采用概率仅仅是作为一种工具来引导其搜索过程朝着搜索空间的更优化的解区域移动。因此虽然看起来它是一种盲目搜索方法,但实际上有明确的搜索方向。

上述这些特色使得遗传算法使用简单,鲁棒性强,易于并行化,从而应用范围甚广。

4.3.3　遗传算法和若干搜索方法的亲近关系

如果从更高的层次来观察遗传算法,我们不难发现它和若干搜索方法有着明显的亲近关系。分析这些关系可使我们从另一个侧面更深入地了解遗传算法的特点。

(1)遗传算法和射束搜索(beam search)方法。射束搜索方法是为了抑制搜索空间计算量的组合爆炸而提出的一种最优搜索方法。该方法预先把射束幅度定义为一个长度为 N 的开放表,在搜索的进程中仅维持 N 个最优节点,其他节点一律舍去。通过搜索,若发现有新的更好的节点,则用它把开放表中最差的节点替换掉。该搜索过程和遗传算法有一定的相似性。遗传算法中的"群体大小"相当于射束搜索中的"射束幅度"。

(2)遗传算法和单纯方法(simplex method)。单纯方法是一种直接搜索方法。它把目标函数值排序加以利用,这样,由多个端点形成的单路就可对应山的形状,然后进行爬山搜索。单纯方法的基本操作是反射(reflection)操作,且反复进行,这十分类似于遗传算法中的"杂交"操作。同时单纯方法中形成单路的端点数相当于遗传算法中的群体大小。显然,单纯方法和遗传算法在利用多点信息的全局处理上是有共同点的。

（3）遗传算法和模拟退火法。模拟退火法的最大特点是搜索中可以摆脱局部解，这是传统爬山法所不具备的。遗传算法中的"选择"操作是以和各个体的适应值有关的概率来进行的。因此，即使是适应值低的个体也会有被选择的机会。在这一点上它同模拟退火法十分相似。显然，通过在搜索过程中动态地控制选择概率，遗传算法可实现模拟退火中的温度控制功能。

4.4　遗传算法在堆芯换料优化中的应用

4.4.1　堆芯换料优化问题的基因编码方法

由遗传算法的模型可知，遗传算法只对染色体（二进制编码串）进行运算，因此如何把一个堆芯换料优化问题用一串二进制码来表示（即编码），和如何把一串二进制码翻译成一个布料方案（即解码）是整个优化的关键。这里仅以某压水堆堆芯为例阐述编码和解码技术。

图 4-2 为某压水堆的 1/8 堆芯图，中心位置一般放置上一循环准备卸出的那批燃料中燃耗最浅的一个组件，所以不参加优化。设需优化的位置共 N_T 个（见图 4-2，$N_T=23$），设现有上一循环的旧料数为 N_O 盒，新料数为 N_F 盒（包括各种可燃毒物根数的新料组件），如何把这些（N_O+N_F）盒燃料组件布置在 N_T 个位置上，使得功率峰因子最小或寿期最长，就是所谓的堆芯换料优化问题。

（1）组件（位置）基因编码。首先把 N_O 个旧料按 k_∞ 大小顺序进行编号，把含有不同可燃毒物根数的新料也按 k_∞ 大小顺序进行编号。然后在 N_T 个位置处逐个随机产生 k 位的二进制（如 $k=7$）随机数，取值范围对应于现有组件（旧料和新料）的 k_∞ 范围。这样就形成了一个 $k \cdot N_T$ 位的二进制串，这就构成本优化问题染色体的前一部分。

这里 k 值的选取主要取决于的 k_∞ 值及其范围，值取得太大会浪费许多编码，影响收敛速度。k 值取得太小，可能无法区分现有组件之间的 k_∞ 差别。

最后对 N_T 个位置处的 k_∞ 随机数按大小顺序编号，再把预先编好的旧料按顺序"对号入座"到相应位置。对号入座时，要保证从 1/4 对称线上和 1/8 对称区域卸下的组件数守恒。在新料布置过程中要避免在不能放可燃毒物的位置布置带可燃毒物棒的新料。

这样堆芯的燃料布置就可确定。图 4-3 为随机产生的一个布置例子。图中字母 F 表示从 1/4 对称线上卸下的旧料，E 表示从 1/8 对称区域卸下的旧料，N 表示新料，阿拉伯数字表示燃料的编号。

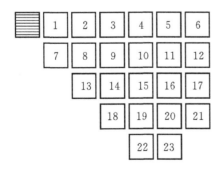

图 4-2　组件位置编号

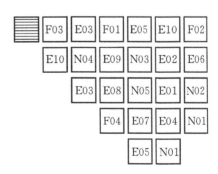

图 4-3　随机产生的燃料组件布置

（2）组件旋转编码。实际上反应堆运行一段时间后，堆芯不可能严格 1/8 对称或 1/4 对称，一般为 1/4 旋转对称。所以要确定全堆芯的布置，必须考虑旧组件的旋转问题。一个旧组件一般有 4 个旋转方向（即对应于堆芯的 4 个象限），所以必须再对 N_0 个旧料逐个产生 2 位二进制码（因 $2^2 = 4$），按顺时针依次取值为 1,2,3,4。这样又形成了一个 $2N_0$ 位的二进制串，这就构成本优化问题染色体的后一部分。

然后根据各旧料处产生的旋转编码随机值确定该旧料所取象限。在确定各旧料旋转方向时，要确保全堆芯同类组件数不变。例如针对图 4-3 的位置，可产生如图 4-4 所示的旋转方向，这里新料（图中带灰色的组件）不旋转。

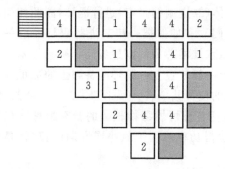

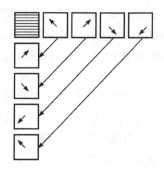

图 4-4　各位置处产生的随机旋转方向数　　　　图 4-5　xy 轴上旋转方向的对称关系

（3）向 1/4 堆芯映射。根据一个染色体的前后两部分，分别通过上述方法就产生了一个对应的堆芯布料方案（燃料位置及旋转方向）。然而实际堆芯是 1/4 旋转对称的，所以还必须把上述得到的 1/8 堆芯布料方案映射到 1/4 堆芯，然后利用堆芯旋转对称边界条件对 1/4 堆芯进行求解评价。

组件位置可按 1/8 对称从 1/8 堆芯映射到 1/4 堆芯，但旋转方向的映射必须考虑全堆芯的组件个数守恒和满足旋转对称条件。因此，从 x 轴映射到 y 轴时，旋转方向对应关系如图 4-5 所示。图中箭头表示各组件的热角。从右上部区域映射到左下部区域时，应尽量满足关于对角线的对称性，故取映射关系如图 4-6 所示。

根据这一映射原则，从一个染色体就得到了一个完整的 1/4 堆芯布料方案。例如图 4-7 即为前述方案（图 4-3 和图 4-4）映射后的结果，组件方框中右上角数字表示旋转方向。与图 4-7 对应的第二循环实际布料方案如图 4-8 所示，图中 X 表示富集度为 3.6％ 的新料，X 后的数字表示新料中可燃毒物棒的根数。其他编号为组件在上一循环中的位置。带斜线的表示富集度为 2.5％ 的旧料，带黑点的表示富集度为 3.0％ 的旧料。中间的 G7 组件为富集度为 2.0％ 的旧料。

这样对染色体进行杂交变异后可得到子代染色体，通过上述方法也就得到了杂交变异后的子代布料方案。

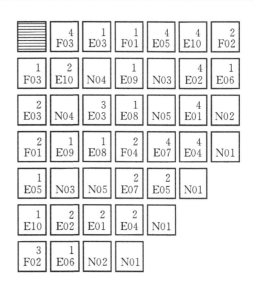

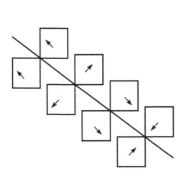

图 4-6 内部组件的旋转方向对称关系

图 4-7 映射后的 1/4 堆芯燃料组件布置

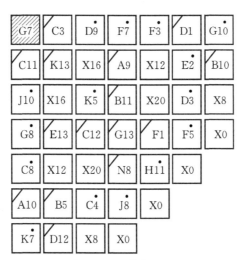

▨—富集度为 2.0% 的旧料； ▢—富集度为 2.5% 的旧料；

⊡—富集度为 3.0% 的旧料； ⊠—富集度为 3.6% 的新料。

图 4-8 对应的第二循环布置

4.4.2 适应函数的选取与适应值评价

遗传算法的优化原则就是根据各个体适应值的大小进行"适者生存"地选择,即选择适应值最大的方案。遗传算法本身只能求解无约束优化问题。然而核电厂堆芯换料优化问题是一个典型的多约束优化问题,因此这里通过下列罚函数方法,把有约束问题转化为无约束问题,把最小值优化转化为最大值优化。

(1)寿期末临界硼浓度最大的优化计算。

首先考虑在满足功率峰因子的约束条件下,堆芯寿期末临界硼浓度最大的优化问题,本文取适应函数为

$$f_i = c_1 f_1 + c_2 f_2 \tag{4-2}$$

其中罚函数 f_1、f_2 分别为

$$f_1 = \begin{cases} \max(w_1(w_2 - p_{\max}), 0.0) & p_{\max} \leqslant p_{\text{limit}} \\ w_3 & p_{\max} > p_{\text{limit}} \end{cases} \tag{4-3}$$

$$f_2 = S_B^{\text{EOC}} / w_4 \tag{4-4}$$

式中: c_1、c_2 为罚因子; p_{limit} 为堆芯功率峰因子限制值; w_1、w_2、w_3 为系数,根据具体问题确定,使得适应值能体现约束和目标; S_B^{EOC} 为寿期末临界硼浓度。

由式(4-4)可以看出,满足功率峰因子限制时,堆芯寿期末临界硼浓度越大的方案,适应值就越大。从而可收敛于满足功率峰因子约束的堆芯寿期最长的优化方案。

(2)功率峰因子最小的优化计算。

在满足堆芯寿期的约束条件时,对核电厂的安全性而言,功率峰因子越小,安全性就越高。这时可把适应函数(4-2)中的罚函数 f_1、f_2 替换为

$$f_1 = \max(w_1(w_2 - p_{\max}), 0.0) \tag{4-5}$$

$$f_2 = \begin{cases} 0.0 & xp < xp_{\text{limit}} \\ w_3 & xp \geqslant xp_{\text{limit}} \end{cases} \tag{4-6}$$

式中: $p_{\max}$ 为整个寿期中最大堆芯功率峰因子; S_B^{EOC} 为寿期末临界硼浓度; w_1、w_2、w_3 均为系数。

从表达式(4-5)可以看出,满足堆芯寿期约束条件时,功率峰因子越小的方案,适应值就越大,故具有越大的被选择机会,从而最终收敛于满足寿期功率峰因子最小的优化方案。

与寿期末临界硼浓度最大的优化类似,对那些不满足寿期但具有较小功率峰因子的方案,用下式来代替罚函数 f_2 为

$$f_2 = w_3 - w_4(xp_{\text{limit}} - xp) \tag{4-7}$$

式中: w_4 为系数,它与 w_3 应保持一定的差距,以保证最后所得到的方案是满足寿期要求的,这些不满足寿期的方案只是为了促使搜索向功率峰因子变小的方向进行; xp_{limit} 为给定的寿期最小限值; xp 为堆芯布置方案对应的真实寿期。

(3)平均卸料燃耗最深的优化计算。

平均卸料燃耗是指该燃料循环结束后,将要从堆芯中卸掉的燃料组件的寿期末平均燃耗值。显然,被卸掉组件的燃耗越深,则组件的燃料利用就越充分。在满足功率峰因子和寿期的限制条件下,取罚函数 f_3 为

$$f_3 = w_5 B_{\text{uave}} \tag{4-8}$$

式中: B_{uave} 为平均卸料燃耗; w_5 为系数。

因此,此时的适应函数变为

$$f_i = c_1 f_1 + c_2 f_2 + c_3 f_3 \tag{4-9}$$

式中: c_1、c_2、c_3 为罚因子; f_1, f_2 按以上(1)、(2)部分中根据式(4-2)计算的罚函数确定。

值得注意的是,上述有关系数 w_1、w_2、w_3、w_4 的选取应视问题不同而定,其原则是必须确

保选定的适应函数能够对方案的好坏有明确的评价。适应函数取得恰当与否,直接影响到遗传算法评价方案优劣的能力,从而影响到优化结果和收敛速度。

(4)适应值评价。

由前面适应函数的表达式可以看出,要算出适应值就必须知道各方案的功率峰因子和寿期末临界硼浓度。为了节省计算时间,一般采用二维燃料管理程序计算,它与遗传算法模块具有极强的独立性,所以可根据具体情况,非常方便地把它替换成其他堆芯计算程序(如 IN-CORE、NGFMAC 等),如图 4 - 9 所示。

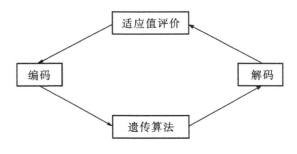

图 4 - 9　优化计算模块示意图

从计算的可靠性而言,采用的优化模型实质上对所有选择的布料方案都进行了真实的堆芯计算,除了必要的降维处理外,没有进行任何其他的近似,所以得到的优化解一般是真实的。当然在优化过程中,需要对成千上万个方案进行评价,为了节省计算时间,在误差允许的范围内,可适当放大燃耗步长,减少燃耗步数,但这并不会对优化结果带来太大的影响,因为所选取的方案都是在同等误差可能的范围内进行计算和比较的。

(5)寿期末临界硼浓度最大的优化计算。

以我国自主设计建造的秦山核电厂某机组某循环为例,以寿期末临界硼浓度最大为优化目标,使用表 4 - 1 中的优化参数进行了优化计算,图 4 - 10 为其适应值变化曲线。从最后一代中取出适应值最大的五个方案作为备选方案,其中,最大适应值方案的堆芯布置如图 4 - 11 所示。这些方案与秦山核电厂实际布料方案的各项指标的比较如表 4 - 2 所示。在最大适应值方案中,功率峰因子为 1.38,寿期末临界硼浓度为 117.1ppm(1ppm＝$1×10^{-6}$),即在满足了功率峰因子的约束条件(<1.4)下,比实际方案的寿期末临界硼浓度增加了 102.61ppm。而且,工程师们可以在这些(或更多)备选方案中,综合考虑如卡棒事故、停堆深度等各种工程约束条件,找出真正满足工程约束要求的优化解。

表 4 - 1　优化参数的优选方案

群体规模数(npopsize)	150
二进制字节数(bits)	7
杂交概率(pcross)	0.5
突变概率(pcreep)	0.01
缓变概率(pmutate)	0.0252

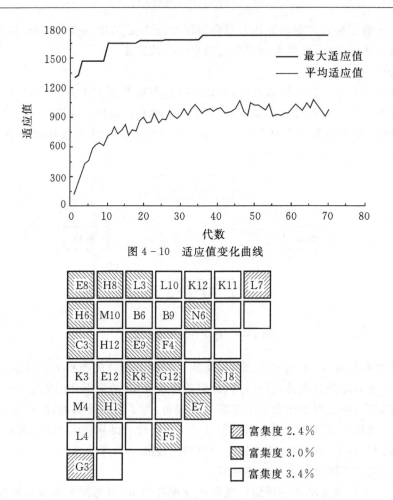

图 4 - 10　适应值变化曲线

图 4 - 11　适应值最大方案的堆芯布置图

表 4 - 2　备选方案与实际布料方案的比较

	序号	寿期末临界硼浓度/ppm	功率峰因子	适应值
备选方案	1	117	1.38	1734.1
	2	117	1.38	1734.0
	3	116	1.39	1732.5
	4	115	1.37	1729.7
	5	114	1.39	1728.6
实际方案		14	1.31	

参考文献

［1］　谢仲生. 核反应堆物理分析［M］. 修订版. 西安：西安交通大学出版社，2004.

［2］　谢仲生. 压水堆核电厂堆芯燃料管理计算及优化［M］. 北京：原子能出版社，2001.

［3］　王丽华. 秦山压水堆堆芯换料优化研究［D］. 西安：西安交通大学，2003.

第 5 章

单循环燃料管理计算方法

5.1 引　言

从第 4 章可以看出,堆芯单循环燃料管理的任务是在多循环燃料管理确定燃料富集度、换料批数和换料周期等参数的基础上,确定不同富集度的燃料和可燃毒物在堆芯中的最佳装载及换料方案,并针对该方案进行详细的核设计与性能评价。因此,单循环燃料管理计算的主要内容是对堆芯进行精确的中子学/热工水力学/核燃料燃耗等物理过程的耦合模拟,获得堆芯性能评价的关键参数。

压水堆堆芯一般由成千上万个燃料元件组成,直接在三维全堆芯内对所有元件进行精确的非均匀建模与多物理耦合计算,计算时间和存储空间需求都太大,一般采用分步和迭代的计算策略。图 5-1 为传统商用压水堆堆芯燃料管理计算流程图。由于其中的中子学计算被分为栅格计算和堆芯计算两步,该方法被称为“两步法”。目前国际上广泛使用的燃料管理计算程序有美国 Studtsvic 公司的 CASMO/SIMULATE 程序[1-3]、加拿大蒙特利尔工学院的 DRAGON/DONJON 程序[4-5]、美国西屋公司的 APA 程序[6-7]、法国阿海珐公司的 SCIENCE 程序[8]、我国西安交通大学的 NECP-Bamboo 程序[9-11]、上海核星科技有限公司的 ORIENT 程序[12]、中国广核集团的 PCM 程序[13]、中国核动力研究设计院的 KYLIN-2/CORCA-3D 程序[14-15]、国家电投核电技术软件中心的 COSINE[16] 和上海核工程研究设计院的 SCAP 程序[17]等,都直接采用该“两步法”的技术思路,或者在此基础上进行了进一步的简化和近似。

近来国内外学者也提出了“改进两步法”,甚至“一步法”,但都尚未得到广泛的工业应用。本章主要以“两步法”为基础逐步介绍单循环燃料管理计算的各个环节。

第一步由栅格程序来完成,针对堆芯内的每一种栅格,从核数据库出发,在二维栅格范围内,通过共振计算、输运计算、泄漏修正、燃耗计算、均匀化计算,获得不同工况(包括燃耗、功率水平、硼浓度、慢化剂和燃料温度等)下的栅格均匀化少群常数,再通过少群常数参数化计算,生成少群常数库。

第二步由堆芯程序来完成,针对给定的堆芯布料方案,在三维全堆芯范围内,通过物理计算、热工计算、临界搜索和燃耗计算的迭代耦合和精细功率重构,给出堆芯全循环过程中的反应性、临界硼浓度、临界控制棒棒位、组件平均功率分布、AO、棒功率分布等,供堆芯核设计分析、热工分析、安全分析等使用。

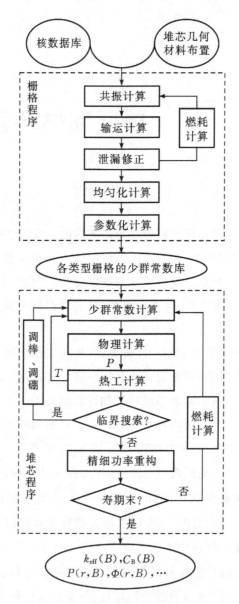

图 5-1　压水堆堆内燃料管理计算流程图

5.2　核数据库

核数据库是指由通过实验手段测量或者理论计算等其他途径得到的各种不同能量的中子（和 γ 光子）与各种核素的原子核相互作用的核反应及其相应的微观截面和有关参数所构成的数据库。它是核反应堆燃料管理计算的基础，是核科学技术研究和核工程设计所必需的基本数据，也是核反应堆核计算的出发点和依据，对于反应堆燃料管理计算的精度有着至关重要的作用。

由于核数据库中的数据主要依靠实验手段测量得到，除此以外还需要利用理论计算、内插或者外推的方法，对测量精度不高或者条件不够未能测得的核数据进行补充和校验；而且，对于同一截面数据,不同的实验者和不同的实验方法可能给出不同的数值,例如,对某些核数据,许多国家和实验室所公布的数据就有明显的差别。因此必须对已有的核数据进行分析、选取和评价。

经过各国科学工作者的努力,已逐渐积累了大量的中子截面和其他核数据资料,许多国家都建立了专门的核数据中心来开展这方面工作。比较著名的研究机构及其研制的数据库如下。

(1)美国 Brookhaven 国家实验室(BNL)的国家核数据中心(National Nuclear Data Center)研制的 ENDF(Evaluated Nuclear Data File)评价数据库,可提供中子核反应数据、光子和电子输运数据、核素的活化和衰变数据等。截至目前,该数据库的最新版本是 2018 年发布的 ENDF/B-Ⅷ。

(2)世界经合组织核能署(OECD-NEA)研制的 JEFF(Joint Evaluated Fission and Fusion File)评价数据库,可提供包括中子和光子与物质相互作用的数据、放射性衰变数据、裂变产额数据和热散射率数据等。截至目前,该数据库的最新版本是 2017 年发布的 JEFF-3.3。

(3)俄罗斯的核数据中心研制的评价核数据库 BROND,最新版本是 BROND3.1。

(4)日本原子力研究开发机构(JAEA)核数据评价研究中心研制的评价数据库是 JENDL,其目前的最新版本是 2016 年发布的 JENDL-4.0u+。

(5)中国原子能科学研究院(CIAE)中国核数据中心(CNDC)研制了中国评价核数据库 CENDL,目前的最新版是 2020 年发布的 CENDL-3.2。

实际上,目前核数据的编纂和评价工作活动已超出国家范围,核数据的国际合作已经有了很大发展,有了固定的模式和成熟的经验。核数据评价的国际合作主要通过两种渠道进行协调组织:一是 IAEA 的国际核数据委员会,定期研究国际核数据的发展,确定核数据的发展项目,由 IAEA 的核数据部通过组织协调研究项目(CRP)予以实现;另一种渠道是 OECD-NEA 组织的国际评价合作工作组,根据需要,设立若干由各国有关领域的专家参加的工作组(Subgroup)对评价中需要解决的重要问题进行专门研究。最近几年,国际核数据库在技术上最重要的发展是网上在线检索服务,上述各大国际评价核数据库及其有关资料均可从网上直接检索并下载。

一般评价核数据库中都包含有核反应堆核设计所需的各种材料和核素的信息,以及一定能量范围内的所有重要的中子反应的整套核数据。以 ENDF/B 库为例,它主要包括:$0 \sim 20$ MeV 中子对各种核素引起的反应的微观截面,包括(n,f)、(n,γ)、(n,n)、(n,n′)、(n,2n)、(n,p)等;弹性散射和非弹性散射中子的角分布;出射中子、γ 射线和带电粒子的能谱、角分布及激发函数;裂变(瞬发和缓发)中子的产额和能谱;裂变产生的产额、微观截面和衰变常数;共振参数;慢化材料热中子散射律数据等。大多数核数据库还包含有光子相互作用的截面以及其他非中子的核数据,这一部分数据与中子截面部分相似。

需要指出的是,在反应堆物理计算中,我们并不直接应用原始的数据库,这主要是由于这些核数据库含有非常庞大的数据量,所提供的数据必须通过一些处理才能得到反应堆物理计算所需的各种核素的截面,而反应堆物理计算通常采用分群近似,例如在压水堆物理计算中,通常采用多群(25~586 群)或少群(2~4 群)计算。一般是应用相关的核数据处理程序将原始的评价核数据库转化成多群数据库,供反应堆物理计算程序直接读取相关的核数据。

目前世界各国都根据需要制作了不同的多群数据库,例如,英国的 WIMS 的 69 群多群常数库、美国 EPRI 的 69 群常数库、美国 PHOENIX 的 42 群常数库、CASMO 的 70 群和 40 群常数库以及前苏联的 26 群常数库等。随着计算机的迅速发展,最近的发展趋势是将能群数目增加到上百群,比如 SHEM 的 175 群数据库和 361 群数据库,还有 CASMO 的 586 群中子和

18 群光子数据库。

这些多群数据库一般由若干个文件组成,主要包含能群结构、核素标识、群截面、裂变产物、裂变中子份额及能谱分布以及衰变常数等数据。

多群数据库能群的划分结构非常重要。它要根据堆型及堆物理和核截面的一些特性来确定。一般来说能群的数目要足够多,使其能适用于不同类型和不同能谱的反应堆。但是,能群数目的增加自然会导致计算量的增加,而对于某一种固定类型反应堆来说,例如轻水堆(LWR)、CANDU 型堆或快堆,其能谱变化不大,在这种情况下,能群数目可以适当减少,可采用该类型堆芯栅元的近似能谱求作为群截面计算的权重能谱。

在库中每种核素(同位素)用一个标识数来识别。以 WIMS 的 69 群库为例,其标识数的头两位数是该核素的原子序数,后三位数为该核素的原子量。对于天然存在的元素,由多种同位素组成,其标识数后三位取为 000,例如,天然硼的标识数为 5000。需要特别指出的是,氢(H)同位素的热中子截面可由两种不同的散射律模型(尼尔金(Nelkin)模型或有效宽度模型)来产生,一般在库中被认为是两种不同的"同位素",用两个不同的标识数来表示(分别规定为1018 和 1118),对每一个标识数的同位素都给出完整的一套核数据。

5.3　栅格共振计算

由反应堆物理知识可以知道,当中子被慢化到共振能区的时候,即 1 eV～0.01 MeV 的范围内,中子反应截面往往出现一系列共振峰,即共振现象。由于共振吸收截面随能量变化规律以及反应堆栅格结构的复杂性,使共振吸收的计算显得非常困难。多群数据库中不能直接提供共振核素在共振能群的平均截面,需要进行共振计算。实际上,多群数据库只提供共振核素在共振能群的各种反应类型的共振积分,其为稀释截面和温度的函数。

共振自屏计算是反应堆堆芯设计计算中的一个非常重要的环节。该计算的主要目的是要得到共振核素在共振能群中的有效自屏截面(共振能群的平均截面),为求解多群中子输运方程提供截面参数。在目前的商用栅格计算程序(例如 WIMS、CPM,CASMO 和 PHOENIX等)中都包含共振计算模块,用以考虑各共振能群下微观截面的共振行为。

目前国际上关于共振自屏计算的方法总的来说可以归结为以下两大类:①子群方法;②基于稀释截面的等价,即等价理论。传统的等价理论只能处理简单几何的共振自屏计算,如棒束几何及平板几何等,燃料棒的空间位置差异对截面的影响用丹可夫因子进行修正。20 世纪 90年代提出的广义 Stamm'ler 方法也是基于等价理论的方法,由于该方法对中子从燃料区到燃料区的首次飞行碰撞概率应用三项有理式展开,理论上可以处理任意几何的共振计算。相对于等价理论,子群方法在处理复杂的几何问题上更具优势,理论上该方法可以处理任意几何的共振自屏计算,而且该方法还可以考虑因空间位置的不同及空间自屏效应对共振核素平均截面的影响,因此可以计算与区域相关的能群平均截面,即同一个共振核素由于其空间位置的不同,其自屏截面会不同。但是该方法依然有很多不足之处,如不能处理共振干涉问题等。

对于等价理论,首先引进共振积分定义:

$$I_{x,i}^g = \int_{\Delta g} \sigma_x^i(u)\phi(u)\mathrm{d}u \qquad (5-1)$$

如前面提到的,多群数据库中共振核素 i 反应类型 x 在共振能群 g 的共振积分 $I_{x,i}^g$ 是稀释

截面 σ_b 和温度 T 的函数,即表示为 $I^g_{x,i}(\sigma_b,T)$。多群数据库中提供的共振核素各反应类型在共振能群的共振积分是通过核数据处理程序计算得到的。计算模型为,假设一种无限均匀介质,该介质只含一种共振核素 i 及另一种的具有氢核散射性质的假想核,然后通过核数据处理程序求解该介质下的中子慢化方程,获得中子能谱,以该中子能谱作为权重函数计算得到当前稀释截面下的共振积分。然后可以通过调整假想核与共振核的核子比例(即调整稀释截面 σ_b 的值)及该介质的温度,获得不同稀释截面 σ_b 和不同温度 T 下的共振积分值,预先存入数据库中。

共振积分与能群平均截面间的相互转换是有固定的关系式的,如果共振积分已知,则相应的能群平均截面也是已知的。但是多群数据库中共振核素的共振积分是在均匀介质下计算得到的,而实际的反应堆燃料组件中燃料布置都是非均匀的,如何建立起非均匀介质与均匀介质的等价,然后利用现有数据库中的共振积分来计算非均匀介质下共振核的能群平均截面,就需要用到等价理论。

通过均匀介质与非均匀介质下的中子能谱的比较,可以发现非均匀介质下的共振积分是是均匀介质下共振积分的带权之和,即

$$I^{g,\mathrm{het}}_{x,i} = \sum_j \beta_j I^g_{x,i}\left(\frac{\Sigma^{\mathrm{f}}_{\mathrm{p}} + \alpha_j \Sigma_{\mathrm{e}}}{N_i}\right) \tag{5-2}$$

到底是几项带权之和,取决于燃料对燃料首次飞行碰撞概率采用几项展开。

因此,通过等价理论就可以建立起共振核素在非均匀介质下有效共振积分与均匀介质下有效共振积分的等价关系,然后通过共振积分计算能群平均截面。

5.4　栅格输运计算

由于热群和快群截面可直接从多群数据库中读取,在共振计算给出共振能群的有效截面后,整个二维栅格内所有区域所有能群的中子核反应截面都是已知的,就可以在整个二维栅格范围内进行栅格输运计算,获得非均匀栅格内的中子通量密度分布,如果是燃料栅格还会获得其无限增殖因子。典型的燃料栅格结构示意图如图 5-2 所示。近年来,广泛采用的栅格输运计算方法主要是特征线方法。

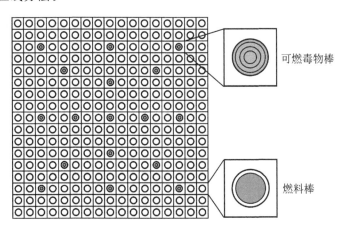

可燃毒物棒

燃料棒

图 5-2　典型燃料栅格的结构示意图

特征线方法(Method of Characteristic)是近年来发展起来的一种基于微分-积分中子输运方程的输运计算方法。该方法理论上不受求解问题几何形状的限制,可求解任意的复杂不均匀几何问题。对于角度变量,该方法只选取一定数目的离散方向进行计算;对于空间变量,该方法将整个问题求解域划分为多个小区域,假设每个小区域内的中子源项为常数(即平源近似,每个小区域称之为一个平源区),并保证有一定数目的特征线穿过,中子沿着这些特征线与区域内的介质发生作用。特征线方法在求解中子输运方程时,是沿着事先生成的多个方向组的平行线(特征线)求解的,而求解问题的几何描述和特征线生成可以在输运计算前预先处理完成。这样只要在几何预处理中完成所有特征线和求解区域的交点计算,在其后的输运方程求解过程完全不再需要考虑求解问题的几何形状。目前,特征线方法已经在很多栅格程序中得到应用,如 DRAGON、APOLLO2、Bamboo-Lattice 等。

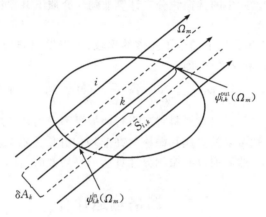

图 5-3　特征线示意图

以单群为例,在区域 i 内 k 段特征线上,由中子输运方程得到的特征线方程的形式为

$$\frac{\mathrm{d}}{\mathrm{d}s}\psi_{i,k}(s,\Omega_m) + \Sigma_{\mathrm{t},i}\psi_{i,k}(\Omega_m) = Q_i(\Omega_m) \tag{5-3}$$

式中:s 为沿特征线的长度(cm);$\Sigma_{\mathrm{t},i}$ 为区域 i 内材料的宏观总截面(cm^{-1});$\psi_{i,k}(s,\Omega_m)$ 为区域 i 内第 k 段特征线上长度 s 处的中子角通量($\mathrm{cm}^{-2}\cdot\mathrm{s}^{-1}$);$Q_i(\Omega_m)$ 为区域 i 内的平均中子源强度($\mathrm{cm}^{-3}\cdot\mathrm{s}^{-1}$)。

方程(5-3)有解析解:

$$\psi_{i,k}(s,\Omega_m) = \psi_{i,k}^{\mathrm{in}}(\Omega_m)\exp(-\Sigma_{\mathrm{t},i}s) + \frac{Q_i(\Omega_m)}{\Sigma_{\mathrm{t},i}}(1-\exp(-\Sigma_{\mathrm{t},i}s)) \tag{5-4}$$

式中:$\psi_{i,k}^{\mathrm{in}}(\Omega_m)$ 为区域 i 内 k 段特征线入口处中子角通量($\mathrm{cm}^{-2}\cdot\mathrm{s}^{-1}$)。

由式(5-4)可以得到其出口处中子角通量

$$\psi_{i,k}^{\mathrm{out}}(\Omega_m) = \psi_{i,k}^{\mathrm{in}}(\Omega_m)\exp(-\Sigma_{\mathrm{t},i}s_{i,k}) + \frac{Q_i(\Omega_m)}{\Sigma_{\mathrm{t},i}}(1-\exp(-\Sigma_{\mathrm{t},i}s_{i,k})) \tag{5-5}$$

式中:$s_{i,k}$ 为 k 段特征线的长度。沿着 k 段特征线对式(5-4)积分可得该段特征线平均角通量为

$$\bar{\psi}_{i,k}(\Omega_m) = \frac{Q_i(\Omega_m)}{\Sigma_{\mathrm{t},i}} + \frac{\psi_{i,k}^{\mathrm{in}}(\Omega_m) - \psi_{i,k}^{\mathrm{out}}(\Omega_m)}{\Sigma_{\mathrm{t},i}s_{i,k}} \tag{5-6}$$

区域 i 的平均角通量可以用体积权重得到

$$\bar{\psi}_i(\Omega_m) = \frac{\sum_k \bar{\psi}_{i,k}(\Omega_m) s_{i,k} \delta A_k}{\sum_k s_{i,k} \delta A_k} \qquad (5-7)$$

式中：δA_k 为 k 段特征线段的宽度。

最终区域的标通量可以写成

$$\phi_i = \sum_{m=1}^{M} \omega_m \bar{\psi}_i(\Omega_m) \qquad (5-8)$$

式中：ω_m 为方向 Ω_m 的权重系数；M 为总方向个数。

5.5　栅格泄漏修正

栅格计算的目的是先获得非均匀栅格内的中子通量密度分布，再以其作为权重函数对栅格内的宏观截面等参数进行并群并区，以实现栅格的均匀化计算。在栅格计算时，我们假定其边界上的净中子流等于零，即无限介质栅格，也就是说没有考虑中子泄漏对该非均匀中子通量密度分布的影响。然而，在实际反应堆中，该栅格与周围的栅格之间经常是存在中子泄漏的，并且不同能量或能群中子泄漏的概率还不一样。因此，必须对前面在无限介质假设下求得的非均匀中子通量密度沿能量的分布（即中子能谱）进行修正，这就是泄漏修正。具体的泄漏修正方法有很多种，最常见的是基模修正。

研究发现，一个反应堆的渐近能谱分布主要受反应堆几何曲率大小的影响，而与堆芯的几何形状关系不大。因此，可以采用最简单的一维平板几何下的泄漏谱来对前面所算的栅格能谱进行修正，只要保证它们的几何曲率 B^2 相同。

在一维平板几何下的中子输运方程为

$$\mu \frac{\partial}{\partial x} \phi(x, E, \mu) + \Sigma_t(r)\phi(x, E, \mu) = \int_\Omega \int_0^\infty \Sigma_s(E' - E, \mu_0)\phi(x, E', \mu)\mathrm{d}E'\mathrm{d}\Omega + \frac{S(x)}{2k_{\mathrm{eff}}}$$

$$(5-9)$$

通过 B_1 近似，可得

$$-iB\phi_{1g} + \Sigma_{t,g}\phi_g = \sum_{g'} \Sigma_{s0,g'\to g}\phi_{g'} + \frac{\chi_g}{k_{\mathrm{eff}}}\sum_{g'} \nu\Sigma_{f,g'}\phi_{g'} \qquad (5-10)$$

$$-\frac{iB}{3}\phi_g + \alpha_g\Sigma_{t,g}\phi_{1g} = \sum_{g'} \Sigma_{s1,g'\to g}\phi_{1g'} \qquad (5-11)$$

该方程表明几何曲率 B^2 的变化，意味着该区域的中子泄漏发生变化，使得其有效增殖因数发生变化，也会使得其中子能谱发生变化。

实际的核反应堆运行大都处于临界状态，也就是说实际堆芯中的栅格在考虑了泄漏消失后，其中子总产生率会等于中子总消失率，即其有效增殖因数为 1，处于临界状态。因此，通过选择合适的几何曲率 B^2 使栅格临界，就可以联立求解方程（5-10）和（5-11），获得其临界后的中子能谱。相应地，该几何曲率称为临界曲率，该能谱称为临界能谱。利用该临界能谱对栅格的非均匀能谱进行修正，得

$$\phi'_{I,g} = \left[\frac{\bar{\phi}_{B,g}}{\bar{\phi}_g}\right]\phi_{I,g} \qquad (5-12)$$

式中：$\bar{\phi}_{I,g}$ 为采用体积权重的组件平均通量；$\bar{\phi}_{B,g}$ 为临界能谱；$\phi_{I,g}$ 为区域 I 的第 g 群通量。然后用修正后的中子能谱进行均匀化计算和核素燃耗计算，就可以大幅减弱无限栅格近似带来的影响。

5.6　栅格燃耗计算

在反应堆运行过程中,随着链式裂变反应的不断发生,核燃料中易裂变核素不断地被消耗,各种裂变产物不断地积累。燃耗计算主要是研究核燃料和裂变产物的核素成分随时间的变化以及它们对反应性、燃料组件群常数及中子通量密度分布的影响。

在反应堆运行过程中,核燃料重核燃耗链与所采用的燃料循环的类型有关。图5-4表示在压水堆铀-钚燃料循环中的典型重核燃耗链。

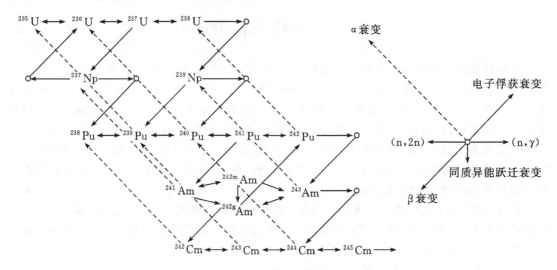

图5-4　典型的重核燃耗链示意图

裂变产物所包含核素的种类更多,有大约3000多种不同核素的放射性及稳定性同位素。要一一计算它们的原子核密度及其对反应性的影响是一件极复杂的工作。因此,在计算时一般只需选取其中吸收截面和裂变产额较大的一些同位素和链进行单独计算。把除了这些同位素外的其他元素都归并成非饱和(NSFP)和慢饱和(SSFP)两组假想的裂变产物,图5-5表示组件程序燃耗计算中考虑的裂变产物链和核素种类。所有这些裂变产物核素的产额和截面数据都可以由程序的核数据库提供。

在燃耗计算时,我们通常把时间 t 分成许多时间间隔,每个时间间隔称为燃耗步长。当燃耗步长取得不太大(一般可取几天或几个星期)时,在每个步长内可以认为中子通量密度不随时间变化,等于常数。对栅格燃料区的核素(包括燃料中的重核素和裂变产物)原子核密度的平衡方程的一般形式可以写成

$$\frac{\mathrm{d}N_m(t)}{\mathrm{d}t} = F_m(t) + r_{m-1}N_{m-1}(t) + \lambda_K N_K(t) - (I_{a,m} + \lambda_m)N_m(t) \qquad (5-13)$$

这里 λ 为衰变常数(s^{-1})。假设在栅格程序中所用的多群群数为 G,则式中

$$I_{a,m} = \sum_{g=1}^{G} \sigma_{a,g,m,i}\phi_{i,g}f_p \qquad (5-14)$$

$$F_m = \sum_{m'} Y_{m,m'} I_{f,m'} N_{m'}(t) \qquad (5-15)$$

$$I_{f,m'} = \sum_{g=1}^{G} \sigma_{f,g,m',i} \phi_{i,g} f_p \qquad (5-16)$$

$$r_{m-1} = I_{a,m-1} - I_{f,m-1} \qquad (5-17)$$

式中:i 表示燃料区,m' 表示裂变核素,$Y_{m,m'}$ 为 m' 裂变核素对 m 核素的裂变产额;f_p 为功率归一因子。方程式(5-13)为一常系数的一阶微分方程,有很多种方法可以进行数值求解。

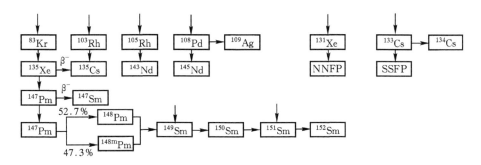

图 5-5　典型的裂变产物链示意图

　　由于在堆芯内各个区域的中子通量密度和功率分布不同,因此每个燃料棒的功率和燃耗情况都不相同。反过来,各个棒和各个区域燃耗的差异又将引起功率分布的变化。严格讲,这是一个非常复杂的非线性问题。而通常在求解燃耗方程时,假设一个燃耗步内中子通量密度为常数,这将引入一定的误差。在进行栅格燃耗计算时,一般采用"预估-校正"方法来近似解决这个问题。

　　"预估-校正"方法的基本思想是:从时间 t_{n-1} 到 t_n 的燃耗计算,分两步进行,首先利用由 t_{n-1} 时刻的通量作"预估"步燃耗计算,给出 t_n 时刻的核密度。然后更新截面,计算通量,再重新从 t_{n-1} 到 t_n 时刻进行燃耗计算,即进行"修正"燃耗计算。t_n 时刻的最终核密度以"预估"步和"修正"步的平均值表示,为

$$N = \frac{1}{2}(N^P + N^C) \qquad (5-18)$$

式中:P 表示预估步 C 则表示修正步。

5.7　栅格均匀化计算

　　在早期的堆芯物理设计和燃料管理计算中,堆芯计算通常使用细网差分方法,20 世纪 70 年代以后,节块法得到了快速发展和广泛应用。节块法的思想是把一个比较大的节块(如组件大小)作为一个均匀化区域,每个区域的群截面视为常数,进行多群扩散计算。这样,堆芯计算便简化为几百个均匀化区域的扩散计算,其计算量大大减少。但是节块法同时也对节块的均匀化群常数的计算提出了挑战。有研究表明,目前所采用的各种节块方法,一般都可使组件平均功率的误差控制在 $2\% \sim 3\%$,其计算精度差别不大。相比之下,主要误差来源于均匀化方法和均匀化参数的计算。因此,等效均匀化群常数的计算显得尤其重要。

　　组件均匀化的原则是保证在堆芯临界计算中所求得的堆芯各均匀化区域(称之为节块)重要物理量与非均匀堆芯的计算结果相吻合,即保持守恒。一般需要满足三个守恒原则,依次为:

（1）节块内的粗群核反应率守恒

$$\int_{V_i} \widetilde{\Sigma}_{x,g} \widetilde{\phi}(r) dr = \int_{V_i} \Sigma_{x,g}^{het} \phi_g(r) dr, \quad x = a, f, s, \cdots, \quad g = 1, \cdots, G \quad (5-19)$$

（2）节块界面上的净中子流守恒

$$-\int_{S_{i,k}} \widetilde{D}_g \frac{\partial}{\partial u} \widetilde{\phi}_g(r) ds = \int_{S_{i,k}} J_g^{u,het}(r) ds, \quad g = 1, \cdots, G, \quad k = 1, 2, \cdots, K \quad (5-20)$$

（3）整个堆芯的有效增殖因数守恒

$$-\sum_{k=1}^{K} \int_{S_{i,k}} \widetilde{D}_g \nabla \widetilde{\phi}_g(r) ds + \int_{V_i} \widetilde{\Sigma}_{t,g} \phi(r) dr = \sum_{g'=1}^{G} \int_{V_k} \widetilde{\Sigma}_{g' \to g} \widetilde{\phi}_{g'}(r) dr + \frac{1}{k^{het}} \int_{V_k} \chi_g V \widetilde{\Sigma}_{f,g'} \widetilde{\phi}_{g'}(r) dr$$

$$g = 1, \cdots, G, \quad i = 1, \cdots, I$$

$$(5-21)$$

式中：符号"～"表示均匀化后的量；G 表示总的能群数；K 表示节块的表面数目；V_i 表示第 i 个节块的体积。

但是，传统的体积-通量权重方法并不能严格同时满足上述（1）和（2）两条等效原则，因此它并不是等效均匀化常数的均匀化方法。20 世纪 70 年代，Koebke 根据等效均匀化三守恒原则提出了"等效均匀化理论"。在此基础上，Smith 提出了等效均匀化的具体计算方法，它是对 Koebke 理论的近似并使之实用化。

首先，Smith 通过对一些基准题的计算，发现等效均匀化参数主要是栅格类型的函数，而与栅格在堆芯中位置，以及栅格的边界条件是否净流为零关系不大。因而他提出，可以像传统方法一样，只要对不同类型（不同富集度、可燃毒物、控制棒等）栅格进行栅格物理计算，边界条件采用净流 $J_n = 0$。用所求得的栅格内非均匀通量的输运解近似代替精确的中子通量 $\phi_g(r)$ 用来对群常数进行通量体积权重，得到等效均匀化常数中的 $\Sigma_x (x = a, f, s, \cdots)$。

其次，鉴于扩散系数定义的随意性，Smith 建议采用传统方法中所采用的均匀化方法。这样，节块的某一方向上均匀化因子是不等的，Smith 称之为不连续因子 $f_u^{\pm}$（ADFs）。同时建议也从上述单个栅格计算中近似产生，即认为不连续因子近似等于

$$f_u^{\pm} = \frac{\phi_u^{u\pm}}{\widetilde{\phi}_{ij}^{u\pm}} \approx \frac{\phi_A^{u\pm}}{\widetilde{\phi}_{A,ij}^{u\pm}} \quad (5-22)$$

式中：$\phi_A^{u\pm}$ 为单个栅格计算中求得的非均匀中子通量解在表面上的值；$\widetilde{\phi}_{A,ij}^{u\pm}$ 为均匀化栅格表面上中子通量的值。栅格表面净流为零的边界条件意味着均匀化栅格内中子通量密度分布就应该是平坦的，亦即 $\widetilde{\phi}_{A,ij}^{u\pm}$ 就等于栅格内平均中子通量密度。而均匀化栅格内的平均中子通量密度和非均匀栅格内的平均中子通量密度应该是相等的。因此不连续因子便近似为

$$f_u^{\pm} = \frac{\phi_A^{u\pm}}{\phi_{A,g}} \quad (5-23)$$

式中：$\widetilde{\phi}_{A,g}$ 为栅格内中子通量密度的平均值，它由栅格计算求得。

我们把对不同类型栅格计算求得的均匀化参数连同由式（5-23）确定的不连续因子 $f_u^{\pm}$ 一起称为等效均匀化少群常数。

在通常的反应堆堆芯周围，一般都设置有围板/反射层，对堆芯的功率分布有很大的影响。传统的均匀化方法是把铁-水打混，按体积权重计算出围板/反射层的均匀化常数。数值实践证明，这种方法将使堆芯的功率分布产生较大的误差，严重情况下误差可达 20%，在工程计算

中是不能接受的。前面介绍的先进均匀化理论的提出,给这一难题带来了解决的办法。下面主要以一维平板模型为例介绍其等效均匀化群常数的计算方法。

计算模型如图 5-6 所示,围板和水隙的厚度尺寸不变,燃料部分一般取一个组件厚度,其中包括水洞及其他非燃料栅元。同样右端反射层节块厚度一般也取一个组件厚度。数值计算实践表明,组件的非均匀性对反射层的中子泄漏以及等效均匀化常数影响不大。因此,在图 5-6 中燃料栅元可以是均匀化的,也可以保持非均匀结构。

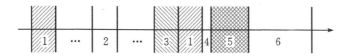

1—燃料栅元;2—水洞;3—可燃毒物或控制板;4—水隙;5—围板;6—反射层。

图 5-6 反射层参数计算一维平板模型

同燃料组件计算一样,通过窄群计算得到各种类型燃料栅元的均匀化 69 群宏观截面,水隙、围板和反射层的 69 群微观截面由截面库中直接读出,并通过共振计算直接得到宏观截面。然后对一维等效均匀化超组件用穿透概率法进行 69 群中子输运的非均匀计算,求出各区(包括围板/反射层的各个子区)的多群中子通量、中子流的输运非均匀解,并归并产生围板/反射层节块的双群均匀化截面参数。最后,对围板/反射层节块进行均匀化双群扩散计算求解,求出围板与堆芯交界面的不连续因子。

需要指出的是,在实际堆芯中,虽然一般反射层是楔形的,但是由于作二维超组件计算(至少四个组件)的计算量及所需存储空间是很大的,很不经济的。数值实践表明,对于一般的压水堆情况,采用一维模型和二维模型求出的围板/反射层节块的等效均匀化参数包括不连续因子以及用它们恢复出的堆芯功率分布的结果差别不大,所以,目前西方一些公司在计算压水堆围板/反射参数时均采用一维模型。

5.8 少群常数参数化计算

前面的计算可以给出各种工况下栅格均匀化少群常数,而在堆芯计算过程中,每个节块的工况都不同,我们需要知道成千上万种不同工况下各栅格的少群常数,其数量远远大于栅格计算的工况。为了快速得到这些堆芯计算所需要的群常数,一般是定义一系列状态参数,定量表征栅格的工况,并将栅格均匀化少群常数进行拟合或者制表处理,获得栅格均匀化少群常数随栅格状态参数连续变化的函数,在堆芯计算时进行插值计算即可获得所需要的少群常数。

这样,栅格计算时工况的选取和参数拟合的策略就显得尤其重要了。一般来说,压水堆中对截面产生影响的反馈包括:燃耗深度(E)、可溶硼浓度(C_B)、功率密度(P)、慢化剂相对密度(U)、裂变产物氙(Xe)、控制棒 CR 等,需要将这些因素作为独立变量予以考虑。针对每一个变量,考虑到在堆芯运行过程中可能出现的变化范围,选取一些具有代表性的值进行计算。例如,燃耗深度一般从零燃耗到卸料燃耗深度之间,取 $30 \sim 40$ 个燃耗点。

设以 Σ_l($l = a, s, f, \cdots$)代表栅格的各种宏观截面或者不连续因子,可以表示成各状态参数的函数:

$$\Sigma_l = F_l(E, C_B, U, P, CR) \tag{5-24}$$

由于状态参数较多,为了确定拟合系数,一般需要把这些状态参数进行组合,常见形式如下:

$$\Sigma_l = F_{1l}(E, C_B) F_{2l}(P) + F_{3l}(U, C_B) + F_{CR}(E) \tag{5-25}$$

其中,

$$
\begin{aligned}
F_{1l}(E, C_B) = & a_{00} + a_{01}C_B + a_{02}C_B^2 + a_{10}E + a_{11}EC_B + a_{12}EC_B^2 + \\
& a_{20}E^2 + a_{21}E^2 C_B + a_{22}E^2 C_B^2 + a_{30}E^3 + a_{31}E^3 C_B + a_{32}E^3 C_B^2 + \\
& a_{40}E^4 + a_{41}E^4 C_B + a_{42}E^4 C_B^2
\end{aligned} \tag{5-26}
$$

$$F_{2l}(P) = a_0 + a_1 P + a_2 P^2 \tag{5-27}$$

$$
\begin{aligned}
F_{3l}(U, C_B) = & a_{00} + a_{01}C_B + a_{02}C_B^2 + a_{10}U + a_{11}UC_B + a_{12}UC_B^2 + \\
& a_{20}U^2 + a_{21}U^2 C_B + a_{22}U^2 C_B^2
\end{aligned} \tag{5-28}
$$

$$
\begin{aligned}
F_{CR}(E, C_B) = & a_{00} + a_{01}C_B + a_{02}C_B^2 + a_{10}E + a_{11}EC_B + a_{12}EC_B^2 + \\
& a_{20}E^2 + a_{21}E^2 C_B + a_{22}E^2 C_B^2
\end{aligned} \tag{5-29}
$$

为了确定式(5-26)中的拟合系数,一般需要计算额定功率、平均慢化剂密度、无棒状况下的各种硼浓度时的所有燃耗步的群常数,即

$$
\begin{aligned}
& E = 0, 50, 100, 200, 500, 1000, 2000, 3000, \cdots \quad \text{MW·d/tU} \\
& C_B = 0, 200, 500, 1000, 1500, 2000 \quad \text{ppm}
\end{aligned} \tag{5-30}
$$

的所有组合。为了确定式(5-27)中的拟合系数,需要计算典型燃耗点(如对燃耗进行分段拟合的话,则需要分别取各段的平均燃耗)、典型平均慢化剂密度、无棒状况下的几种功率状况,如

$$P = 0, 0.5, 0.1, 1.5 \tag{5-31}$$

分别进行计算。为了确定式(5-28)中的拟合系数,需要计算典型燃耗(如对燃耗进行分段拟合的话,则需要分别取各段的平均燃耗)、额定功率、无棒状况下的各种硼浓度、各种慢化剂密度下的群常数,即

$$
\begin{aligned}
& U = U_{in}, U_{ave}, U_{out} \\
& C_B = 0, 200, 500, 1000, 1500, 2000 \quad \text{ppm}
\end{aligned} \tag{5-32}
$$

的所有组合。对于式(5-29)中的拟合系数,则需要计算额定功率、典型平均慢化剂密度、有控制棒状况下的所有式(5-25)中包含的组合。

需要指出的是,由于裂变毒物 ^{135}Xe 和 ^{149}Sm 的浓度受局部功率影响非常大,一般其原子核密度在堆芯计算时需要重新计算,即采用微观燃耗模型。因此,在对热群吸收截面进行参数化计算时,需要先将氙和钐对吸收截面的影响扣除,然后对 ^{135}Xe 和 ^{149}Sm 的热群微观吸收截面进行单独参数化,方法同上。在堆芯计算时,再根据当前节块的功率历史计算出局部氙和钐的原子核密度,进而得到当前状况总的热群吸收截面。

5.9　堆芯物理计算

堆芯计算的核心内容就是在三维全堆芯粗网条件下求解多群中子扩散方程,以确定堆芯的反应性和功率分布。早期的反应堆设计中普遍采用细网有限差分方法,为了保证计算精度,网格间距一般要求小于 $0.5 \sim 1$ 个中子扩散长度,对于压水堆通常以一个栅元作为一个网格,这样计算的网点数目将达 10^5 甚至 10^6 以上,考虑到燃料管理计算中需要大量反复地进行该计

算,其时间和内存消耗将非常巨大。20 世纪 80 年代以来迅速发展起来的各种有效的快速计算方法解决了这一矛盾,其中粗网块方法是目前压水堆燃料管理中最为常用的方法,其基本思想是直接将一个燃料组件或者 1/4 组件的宽度作为一个节块,以节块为单元求解中子扩散方程,然后通过通量精细功率重构获得单棒功率分布。实践证明,粗网节块法在获得与细网有限差分方法相当精度的同时,计算效率提高了 1~2 个量级。

20 世纪 80 年代初以来,已先后发展了许多种粗网节块方法,通常把一个燃料组件作为一个节块,并认为节块内的材料是均匀的,截面参数是常数,然后通过高阶基函数展开处理节块内的中子通量密度分布和中子源密度等物理量。按照所选用的基函数不同,综合起来可以分成以下四类:①选择中子扩散方程的解析解或者特征函数作为展开基函数的解析函数展开法,比如解析节块法(Analytical Nodal Method,ANM)、解析基函数展开法(Analytical Function Expansion Nodal Method,AFEN)和三角形网格解析基函数展开节块方法(Analytical Base Function Expasion Method-Triaingle,ABFEM－T)等;②选择多项式函数作为展开基函数的多项式函数展开法,比如节块展开法(Nodal Expasion Methord,NEM)和变分节块法(Variational Nodal Method,VNM)等;③部分展开基函数为中子扩散方程解析解或者特征函数,部分展开基函数为多项式函数半解析节块法(Semi-Analytical Nodal Method,SANM),比如低阶基函数为多项式函数、高阶基函数为双曲函数;对快群采用多项式函数、对热群采用幂多项式函数和热群特征函数之和;中子通量密度分布采用解析函数、对中子源项分布采用多项式函数;中子价值采用解析函数、中子通量密度采用多项式函数的格林函数节块法(Nodal Green Function Method,NGFM)等等;④其他节块方法,比如非线性迭代节块方法和选取单组件数值解作为基函数的变分节块展开法(Variational Nodal Expasion Method,VNEM)等。下面以比较典型的节块展开法为例介绍粗网节块法的计算技术。

首先,考虑一节块 k,节块内的多群中子扩散方程可写为

$$-D_g^k \nabla^2 \Phi_g^k(r) + \Sigma_{t,g}^k \Phi_g^k(r) = \sum_{g'=1}^{G} \left[\Sigma_{g'-g}^k + \frac{\chi_g}{k_{eff}} \nu \Sigma_{f,g'}^k \right] \Phi_{g'}^k(r) \tag{5-33}$$

若对式(5-33)在节块体积上积分,可得节块 k 的中子平衡方程为

$$\sum_{u=x,y,z} \frac{1}{\Delta a_u^k} (J_{g,u+}^k - J_{g,u-}^k) + \Sigma_{t,g}^k \overline{\Phi}_g^k = \sum_{g'=1}^{G} \left(\Sigma_{g'-g}^k + \frac{\chi_g}{k_{eff}} \nu \Sigma_{f,g'}^k \right) \overline{\Phi}_{g'}^k \tag{5-34}$$

式中:Δa_u^k 为 u 方向上的节块宽度,节块内的平均中子通量密度 $\overline{\Phi}_g^k$ 和表面平均净中子流密度 $J_{g,u\pm}^k$ 分别写为

$$\overline{\Phi}_g^k = \frac{1}{V_k} \int_{V_k} \Phi_g^k(r) \, \mathrm{d}V \tag{5-35}$$

$$\overline{J}_{g,u+}^k = -\frac{\Delta a_u^k}{V_k} \int_{-\frac{\Delta a_w^k}{2}}^{\frac{\Delta a_w^k}{2}} \int_{-\frac{\Delta a_v^k}{2}}^{\frac{\Delta a_v^k}{2}} D_g^k \frac{\partial \Phi_g^k(r)}{\partial u} \bigg|_{u = \pm \frac{\Delta a_u^k}{2}} \mathrm{d}v \mathrm{d}w \tag{5-36}$$

$u \in \{x,y,z\}, v \in \{x,y,z\}, w \in \{x,y,z\}, u \neq v \neq w$。

为了求解方程(5-34),需要关联表面平均净中子流密度和节块平均中子通量密度的附加方程,其中横向积分过程作为一种重要的技巧被广泛采用。通过横向积分,可以将对三维中子扩散方程的求解变成联立求解三个一维方程问题,从而简化了计算,提高了计算效率。

对于方程(5-33),对变量 y、z 在各自区间上积分可得:

$$-D_g^k \frac{\mathrm{d}^2 \overline{\Phi}_{g,u}^k(u)}{\mathrm{d}u^2} + \Sigma_{\mathrm{t},g}^k \overline{\Phi}_{g,u}^k(u) = \sum_{g'=1}^G \left[\Sigma_{g'-g}^k + \frac{\chi_g}{k_{\mathrm{eff}}} \nu\Sigma_{\mathrm{f},g'}^k \right] \overline{\Phi}_{g,u}^k(u) - \frac{1}{\Delta a_v^k} \overline{L}_{g,v}^k(u) - \frac{1}{\Delta a_w^k} \overline{L}_{g,w}^k(u)$$

$$(5-37)$$

式中:一维横向积分平均中子通量密度和横向积分平均泄漏项与相应的节块平均中子通量密度和节块平均泄漏项的关系分别为

$$\frac{1}{\Delta a_u^k} \int_{-\Delta a_u^k/2}^{\Delta a_u^k/2} \overline{\Phi}_{g,u}^k(u) \mathrm{d}u = \overline{\Phi}_g^k \tag{5-38}$$

$$\frac{1}{\Delta a_u^k} \int_{-\Delta a_u^k/2}^{\Delta a_u^k/2} \overline{L}_{g,v}^k(u) \mathrm{d}u = \overline{L}_{g,v}^k = \overline{J}_{g,v+}^k - \overline{J}_{g,v-}^k \tag{5-39}$$

$$\frac{1}{\Delta a_u^k} \int_{-\Delta a_u^k/2}^{\Delta a_u^k/2} \overline{L}_{g,w}^k(u) \mathrm{d}u = \overline{L}_{g,w}^k = \overline{J}_{g,w+}^k - \overline{J}_{g,w-}^k \tag{5-40}$$

通过上述的横向积分处理,将三维中子扩散方程式(5-33)转换为三个一维横向积分中子扩散方程式(5-37),同时,三个方程通过横向泄漏项 $\overline{L}_{g,v}^k(u)$ 和 $\overline{L}_{g,w}^k(u)$ 相互耦合。

横向积分方程可以采用高阶多项式展开横向积分中子通量密度:

$$\overline{\Phi}_{g,u}^k(u) = \sum_{n=0}^4 a_{g,u,n}^k f_n(u) \tag{5-41}$$

式中:展开多项式 $f_n(u)$ 的选取有很多种方法,这里不一一列举。

关于泄漏项的空间展开,为了方便,一般采用平近似展开,即

$$\overline{L}_{g,v}^k(u) = \overline{J}_{g,v+}^k - \overline{J}_{g,v-}^k \tag{5-42}$$

$$\overline{L}_{g,w}^k(u) = \overline{J}_{g,w+}^k - \overline{J}_{g,w-}^k \tag{5-43}$$

从中子平衡方程(5-34)可知,为了求解节块平均中子通量密度,需要额外的方程。根据菲克定律,由方程(5-41)可得

$$\overline{J}_{u+}^k = -D_g^k \frac{\mathrm{d}\overline{\Phi}_{g,u}^k(u)}{\mathrm{d}u} \bigg|_{u=\Delta a_u^k/2} = -\frac{D_g^k}{\Delta a_u^k} \left[a_{g,u1}^k + 3a_{g,u2}^k + \frac{1}{2} a_{g,u3}^k + \frac{1}{5} a_{g,u4}^k \right] \tag{5-44}$$

$$\overline{J}_{u-}^k = -D_g^k \frac{\mathrm{d}\overline{\Phi}_{g,u}^k(u)}{\mathrm{d}u} \bigg|_{u=-\Delta a_u^k/2} = -\frac{D_g^k}{\Delta a_u^k} \left[a_{g,u1}^k - 3a_{g,u2}^k + \frac{1}{2} a_{g,u3}^k - \frac{1}{5} a_{g,u4}^k \right] \tag{5-45}$$

利用节块 k 和节块 $k+1$ 交界面上表面平均净中子流密度和表面平均偏中子流密度连续的条件,可得表面平均净中子流密度耦合方程为

$$A_1 \overline{J}_{u-}^k + A_2 \overline{J}_{u+}^k + A_3 \overline{J}_{u+}^{k+1} = A_4 \tag{5-46}$$

式中:A_i,$i=1,\cdots,4$ 为相关系数。通过方程(5-46),可以把 u 方向所有的表面平均净中子流密度耦合起来,得到一个三对角矩阵,利用边界条件可以方便求解。

根据前面的推导,NEM 方法可以采用标准的源迭代方法求解,具体步骤为:

(1)假设初始值,即初始特征值、$\overline{\Phi}_{g,u}^k(u)$ 的 5 个展开系数和节块各个表面的平均净中子流密度;

(2)计算中子源项;

(3)利用前一次迭代 v、w 方向的表面平均净中子流密度计算 u 方向的横向泄漏项,然后利用方程(5-46)求解 u 方向的表面平均净中子流密度;

(4)利用刚求得的 u 方向表面平均净中子流密度和前一次迭代 w 方向表面平均净中子流

密度计算 v 方向的横向泄漏项,然后利用方程(5-46)求解 v 方向的表面平均净中子流密度;类似的求解 w 方向的表面平均净中子流密度;

(5) 利用方程(5-34)求出节块平均中子通量密度,同时计算各展开系数;

(6) 按(2)~(5)计算所有能群;

(7) 计算特征值,并判断是否收敛。若不收敛,则转到(2)。

上面就是节块展开法的基本思想,相应的思想也可以应用于六角形几何或三角形问题的计算。

5.10　堆芯热工计算

对于大多数水冷反应堆来说,冷却剂的密度和温度变化对堆芯的物理计算有着非常明显的反应性反馈作用,需要在物理计算过程中进行热工模拟,即在已知堆芯功率密度分布的条件下,分析燃料温度、冷却剂温度和冷却剂密度等参数的变化。下面以并联通道模型为例简单介绍堆芯热工计算的模型。在该模型中,将整个堆芯的冷却剂通道划分成若干相互独立的通道,每一个独立通道都可以作为一个单通道来模拟。

单通道模型一般将冷却剂通道等效成水力当量直径为 D_e 的圆管通道,并对该通道中流动的冷却剂求解质量守恒、能量守恒以及状态方程,质量守恒方程为

$$\frac{\partial(\rho V)}{\partial z} = 0 \tag{5-47}$$

能量守恒方程为

$$\frac{\partial(\rho V h)}{\partial z} = \frac{P_h}{A}q'' \tag{5-48}$$

状态方程为

$$\rho = \rho(P, h) \tag{5-49}$$

便可得到冷却剂密度及温度分布。为简单起见,一般忽略流体的轴向压降。

燃料包壳的壁面温度由下式求得:

$$q'' = h_c(T_s - T_{cool}) \tag{5-50}$$

单相流体的换热系数 h_c 的计算有很多经验关系式,常用的有 Dittus-Boelter 关系式:

$$h_c = 0.023 \frac{k_f}{D_e} Re^{0.8} Pr^n \tag{5-51}$$

式中:k_f 为流体导热系数;D_e 为当量直径;Re 为雷诺数;Pr 为普朗特数。当流体受热时,$n = 0.4$;当流体冷却时,$n = 0.3$。

燃料芯块内部的温度分布则可以以包壳壁面温度作为边界条件,由稳态一维导热方程求得。

5.11　堆芯燃耗计算

堆芯燃耗计算的目标是根据各燃耗步获得的组件功率分布,计算组件的燃耗深度,并通

过微观燃耗计算获得 Xe、Sm 等的原子核密度,进而获得当前燃耗深度下的栅格均匀化常数。

按照燃耗深度的物理意义,运行着的堆芯内某处的燃耗深度可以用下式进行计算:

$$B_i^{k+1} = \frac{P_i^k}{\rho_i} \cdot \Delta t^k + B_i^k \tag{5-52}$$

式中:B_i^k 表示空间 i 处在第 k 步时间点上的燃耗深度,MW·d/tU;P_i^k 表示空间 i 处在第 k 步时间点上的功率,MW;Δt^k 表示第 k 步燃耗段的时间步长,d;ρ_i 表示空间 i 处对应的初始铀装载量,t。

对于采用微观燃耗模型的毒物及其先驱核,需要利用燃耗方程刻画其原子核密度随时间的变化。毒物^{135}Xe 与其先驱核^{135}I 的燃耗方程分别为

$$\frac{\mathrm{d}N_{\mathrm{Xe}}}{\mathrm{d}t} = Y_{\mathrm{Xe}} - A_{\mathrm{Xe}} N_{\mathrm{Xe}} + \lambda_{\mathrm{I}} N_{\mathrm{I}}$$

$$\frac{\mathrm{d}N_{\mathrm{I}}}{\mathrm{d}t} = Y_{\mathrm{I}} - A_{\mathrm{I}} N_{\mathrm{I}} \tag{5-53}$$

式中:消失率系数 $A_n = \lambda_n + \sum\limits_{g=1}^{G} \sigma_{\mathrm{a}}^{n,g} \phi^g$;裂变率 $Y_n = y_n \sum\limits_{g=1}^{G} \Sigma_{\mathrm{f}}^g \phi^g$;$N_n$ 为相应的原子核密度($10^{24}\,\mathrm{cm}^{-3}$);$\lambda_n$ 为衰变常数(s^{-1}),其中 $n = \mathrm{Xe}, \mathrm{I}, \cdots$;$\phi^g$ 为第 g 群的中子通量密度($\mathrm{cm}^{-2} \cdot \mathrm{s}^{-1}$);$\sigma_{\mathrm{a}}^{n,g}$ 为第 g 群的微观吸收截面(cm^2);Σ_{f}^g 为第 g 群宏观裂变截面(cm^{-1})。

如果初始浓度为 $N_n(0)$,那么 t 时刻的浓度 $N_n(t)$ 为

$$\begin{cases} N_{\mathrm{I}}(t) = N_{\mathrm{I}}(0)\mathrm{e}^{(-A_{\mathrm{I}}t)} + \dfrac{Y_{\mathrm{I}}}{A_{\mathrm{I}}}(1 - \mathrm{e}^{(-A_{\mathrm{I}}t)}) \\[3mm] N_{\mathrm{Xe}}(t) = N_{\mathrm{Xe}}(0)\mathrm{e}^{(-A_{\mathrm{Xe}}t)} + \left(\dfrac{Y_{\mathrm{Xe}}}{A_{\mathrm{Xe}}} + \dfrac{\lambda_{\mathrm{I}} Y_{\mathrm{I}}}{A_{\mathrm{I}} A_{\mathrm{Xe}}}\right)(1 - \mathrm{e}^{(-A_{\mathrm{Xe}}t)}) + \\[3mm] \left(\dfrac{\lambda_{\mathrm{I}} N_{\mathrm{I}}(0)}{A_{\mathrm{Xe}} - A_{\mathrm{I}}} - \dfrac{\lambda_{\mathrm{I}} Y_{\mathrm{I}}}{A_{\mathrm{I}}(A_{\mathrm{Xe}} - A_{\mathrm{I}})}\right)(\mathrm{e}^{(-A_{\mathrm{I}}t)} - \mathrm{e}^{(-A_{\mathrm{Xe}}t)}) \end{cases} \tag{5-54}$$

时间足够长时的平衡浓度为

$$\begin{cases} N_{\mathrm{I}}(\infty) = \dfrac{Y_{\mathrm{I}}}{A_{\mathrm{I}}} \\[3mm] N_{\mathrm{Xe}}(\infty) = \dfrac{Y_{\mathrm{Xe}} + \lambda_{\mathrm{I}} N_{\mathrm{I}}}{A_{\mathrm{Xe}}} = \dfrac{Y_{\mathrm{Xe}}}{A_{\mathrm{Xe}}} + \dfrac{\lambda_{\mathrm{I}} Y_{\mathrm{I}}}{A_{\mathrm{I}} A_{\mathrm{Xe}}} \end{cases} \tag{5-55}$$

毒物^{149}Sm 及其先驱核^{149}Pm 的情况同毒物^{135}Xe 与其先驱核^{135}I 类似。

5.12　堆芯精细功率重构

粗网节块方法在计算效率和计算精度方面的优势都非常显著,但是多数粗网节块方法不能提供节块内的中子通量密度分布,也就无法给出节块内的精细功率密度分布,而在核设计及安全分析中又必须提供精细的棒功率分布。在这样的需求下,堆芯精细功率重构技术应运而生。

　　功率重构的方法可以有很多种,在压水堆中最常用的是高阶多项式展开的"调制方法"。该方法首先根据节块方法计算给出一些结果,如节块平均中子通量密度、表面平均中子通量密度和表面平均净中子流密度等,拟合出均匀化节块内中子通量密度的分布,然后乘以中子通量密度形状函数即可得到燃料组件内的精细功率分布函数。

　　一般假设节块内的中子通量密度可以用高阶多项式来表示,例如,对于快群和热群中子通量密度,可以分别展开为

$$\phi_1(x,y) = \sum_{m,n=0}^{4} A_{mn}x^m y^n \qquad (5-56)$$

$$\phi_2(x,y) = C_{00}\phi_1(x,y) + \sum_{m=0}^{4}\sum_{n=0}^{4} C_{mn}F_m(u)F_n(u) \qquad (5-57)$$

其中,$F_m(u)$ 为双曲函数

$$F_0(u) = 1$$
$$F_1(u) = \sinh(\kappa u)$$
$$F_2(u) = \cosh(\kappa u)$$
$$F_3(u) = \sinh(2\kappa u)$$
$$F_4(u) = \cosh(2\kappa u)$$
$$\kappa = a\sqrt{\Sigma_{a2}/D_2}$$

　　在实际计算中,通常把 m 和 n 同时大于 3 的交叉项略去,这样方程(5-56)和(5-57)中分别还有13个未知数,需要13个约束条件来确定。在节块法的求解过程中,对每个节块已经提供了节块平均中子通量密度、节块表面平均中子通量密度以及节块表面平均偏净中子流等 9 个值,尚缺少的 4 个约束条件,一般由节块 4 个角点上的中子通量密度值来给出。这样,13 个约束条件方程可以写成如下形式。

　　(1)节块平均通量密度

$$\frac{1}{4}\int_{-1}^{1}dy\int_{-1}^{1}\phi_g(x,y)dx = \overline{\phi_g} \qquad (5-58)$$

　　(2)节块 4 个表面上平均中子通量密度和平均偏净中子流(以 $s1$ 表面为例)

$$\frac{1}{2}\int_{-1}^{1}\phi_g(x,y)\big|_{y=1}dx = \phi_{g,s1} \qquad (5-59)$$

$$\frac{1}{2}\int_{-1}^{1}-D_g\frac{\partial\phi_g(x,y)}{\partial y}\big|_{y=1}dx = J_{g,s1} \qquad (5-60)$$

　　(3)节块四个角点的中子通量密度值

$$\phi_g(x,y)\big|_{(-1,1)} = \phi_{c1};\phi_g(x,y)\big|_{(-1,-1)} = \phi_{c2};\phi_g(x,y)\big|_{(1,-1)} = \phi_{c3};\phi_g(x,y)\big|_{(1,1)} = \phi_{c4}$$
$$(5-61)$$

　　将式(5-56)和式(5-57)代入以上各式就可以得到一个关于 13 个展开系数的方程组,求解该方程组便可以得到展开系数,进而确定中子通量密度的精细分布。

参考文献

[1]　CASMO‐4E：Extended capability CASMO‐4，User's manual[R]. USA：Studsvik Scandpower，2009.

[2]　BAHADIR T. CMS‐LINK，User's manual[R]. USA：Studsvik Scandpower，2009.

[3]　UMBARGER J A，DIGIOVINE A S. SIMULATE‐3 advanced three‐dimensional two‐group reactor analysis code，User's Manual Studsvik/SOA‐92/01[R]. USA：Studsvik Scandpower，1992.

[4]　MARLEAU G，HÉBERT A，ROY R. A user guide for DRAGON Version5. ReportIGE‐335[R]. École Polytechnique de Montréal，2014.

[5]　HÉBERT A，SEKKI D，CHAMBON R. A user guide for DONJON version5. ReportIGE‐344[R]. École Polytechnique de Montréal，2014.

[6]　Westinghouse Electric Company. PARAGON User Manual[R]. USA：Westinghouse Electric Company，2005.

[7]　SCIENCE：description of the physical models[R]，EP/N/DM.742.

[8]　LI Y Z，ZHENG B，HE Q M，et al. Development and Verification of PWR‐Core Fuel Management Calculation Code System NECP‐Bamboo：Part I Bamboo‐Lattice[J]. Nuclear Engineering and Design，2018，335：432‐440.

[9]　YANG W，WU H C，Li Y Z，et al. Development and verification of PWR‐core fuel management calculation code system NECP‐Bamboo：Part II Bamboo‐Core [J]. Nuclear Engineering and Design，2018，337：279‐290.

[10]　LI Y Z，HE T，LIANG B N，et al. Development and verification of PWR‐core nuclear design code system NECP‐Bamboo：Part III：Bamboo‐Transient[J]. Nuclear Engineering and Design，2020：359.

[11]　王涛，蒋校丰，吕栋，等. ORIENT1.0 软件系统的确认[J]. 核动力工程，2014(S2).

[12]　卢皓亮，莫锟，李文淮，等. 自主化堆芯三维核设计软件 COCO 研发[J]. 原子能科学技术，2013，47(S1)：327‐330.

[13]　CHAI X M，TU X L，LU W，et al. The powerful method of characteristics module in advanced neutronics lattice code KYLIN‐2[J]. Journal of Nuclear Engineering and Radiation Science. 3：031004‐1‐9，2017.

[14]　柴晓明，马永强，王育威，等. 堆芯中子学程序系统 SARCS‐4.0 的开发及初步验证[J]. 核动力工程，2013，34(S1)：24‐26.

[15]　葛炜，杨燕华，刘飒，等. 大型先进压水堆核电站关键设计软件自主化与 COSINE 软件包研发[J]. 中国能源，2016，38(7)：39‐44.

[16]　张宏博，汤春桃，杨伟焱，等. 组件计算程序 PANDA 研发及初步验证 [J]. 强激光与粒子束，2017，29(4)：129‐137.

[17]　SMITH K S. An analytic nodal method for solving two‐group multidimensional static and transient diffusion equation[D]. Cambridge，Mass：MIT，1979.

[18] NOH J M, CHO N Z. A new approach of analyticbasis function expansion to neutron diffusion nodal calculation[J]. Nuclear Science Engineering, 1994, 116:165 - 180.

[19] 夏榜样. 六角形节块多维多群稳态-瞬态扩散方程的数值解法及其在堆芯燃料管理计算中的应用研究[D]. 西安:西安交通大学,2006.

[20] 卢皓亮. 基于三角形网格的中子扩散和输运节块方法研究[D]. 西安:西安交通大学,2007.

[21] FINNEMAN H, BENNEWITZ F, WAGNER M. Interface current techniques for multidimensional reactor calculation[J]. Atomkernenergie, 1977, 30:123 - 128.

[22] PALMIOTTI G, LEWIS E, CARRICO C B. VARIANT: VARIational Anisotropic Nodal Transport for multidimensional Cartesian and hexagonal geometry calculation [C]. Argonne, IL USA: Argonne National Laboratory, 1995: ANL - 95/40.

[23] ZIMIN V G, NINOKATA H, POGOSBEKYAN L R. Polynomial and semi - analytic nodal methods for nonlinear iteration procedure[C]. Proceeding of Interantional Conference on the physics of nuclear science and technology, 1998, 2:994 - 1002.

[24] 程平东. 傅氏节块展开法[C]. 第二届反应堆数值计算年会,1985.

[25] ESSER P D, SMITH K S. A semianalytic two - group nodal model for SIMULATE - 3[J]. Transactions of American Nuclear Society, 1993, 68:220 - 222.

[26] 李云召. 基于变分节块法和节块 SP3 方法的先进堆芯中子学计算方法研究[D]. 西安: 西安交通大学,2012.

[27] LAWRENCE R D, DORNING J J. A nodal Green's function method for multidimensional neutron calculation[J]. Nuclear Science Engineering, 1980, 76:218 - 231.

[28] 廖承奎. 三维节块中子动力学方程组的数值解法及物理与热工-水力耦合瞬态过程的数值计算的研究[D]. 西安:西安交通大学,2002.

[29] 竹生东. 非线性迭代先进节块方法的研究及 PWR 燃料管理计算软件包研制[D]. 西安: 西安交通大学,2000.

[30] TSUIKI M, HVAL S. A variational nodal expansion method for the solution of multigroup neutron diffusion equations with heterogeneous nodes[J]. Nuclear Science Engineering, 2002, 141:218 - 235.

第 6 章

堆芯核设计

6.1 引 言

堆芯核设计是核电厂设计的重要内容之一。它的主要任务是从反应堆物理的角度提供满足总体设计要求的堆芯设计方案,确定不同富集度燃料组件的装载和换料方式,可燃毒物在堆芯的合理布置,控制棒的数量、布置、分组和提棒程序,运行方式和功率分布控制措施,堆芯测点布置等,为核电厂反应堆提供启动、运行和停堆所必须的参数,指导核电厂运行。

堆芯核设计在满足核电厂安全性和经济性要求的同时,还要满足核电厂核设计相关的设计准则,目前,根据我国核电厂堆芯核设计相关依据和准则,核电厂堆芯核设计主要包括以下几方面内容。

(1) 堆芯燃耗与燃料管理。研究各循环堆芯的燃料装载,使堆芯具有足够的剩余反应性,达到所需求的循环长度;制定合理的堆芯换料计划,降低燃料成本,使得平衡堆芯卸载的燃料组件平均燃耗不低于预期值。

(2) 堆芯功率能力。堆芯功率能力研究的主要目的是确定 I 类工况(正常运行和运行瞬态工况)的运行限值和 II 类工况(中等频率事件)的保护定值。在工况 I 下,燃料元件不同高度处的最大线功率密度不超过为满足失水事故(LOCA)安全准则所确定的限值;在工况 II 下,最大线功率密度不超过燃料熔化限制值;在工况 I 和工况 II 下,堆芯的功率分布不得导致在燃料元件表面发生偏离泡核沸腾(DNB)现象。此外,要求堆芯功率分布具有自稳性,在功率输出一定的情况下,堆芯功率的空间振荡应能可靠且较快地被探测和抑制。

(3) 反应性控制。堆芯的装载和反应性控制设计要确保当反应性价值最大的一束控制棒卡在堆芯外,反应堆在任何功率水平运行时,仅用其他控制棒就能实现热停堆,并有足够的停堆深度,以防止事故工况下反应堆停堆后重返临界;反应堆正常运行时,必须限制控制棒的提升和可溶硼稀释的正反应性引入速率;控制棒调节棒组的最大插入深度不得超过规定的限值,以保证弹棒事故发生时堆芯的安全性;控制棒束系统应具有紧急快速停堆能力,控制棒束的落棒时间应小于基准事故分析所确定的时间;在冷停堆状态下,仅用化学容积控制系统就可以使反应堆保持次临界状态。

(4) 反应性系数。反应堆在各种功率水平下运行时,慢化剂温度系数必须为负值或零,使反应堆具有负反应性反馈特性。堆芯设计要做到在各种功率状态下,临界硼浓度低于规定的极限值。

(5) 中子源。合理地选择和布置中子源,使一次中子源强度满足探测器系统最低的计数要求;使二次中子源经辐照后产生的源强能够满足探测器系统的最低计数要求。

除此以外,堆芯核设计还要提供堆内中子通量测点的布置等。

6.2 堆芯燃耗和燃料管理

堆芯燃耗和燃料管理分析的主要目的是:①确保设计选定的第一循环堆芯至平衡循环堆芯的燃料管理方案在技术上是可行的;②为热工水力设计、燃料性能分析、反应堆功率能力和反应性控制计算提供基础数据;③为最终安全分析报告(FSAR)提供基础数据。

一座核电站从建成到退役至少能够运行 40 年,新建核电站则要达到 60 年的使用寿命,其间要经过几十个循环的运行,因此堆芯燃料管理设计首先考虑平衡换料循环长度满足规定的总体设计要求,这是核电厂很重要的经济指标。第一循环一般采用按燃料富集度分区的装载方式,如分三区,以展平堆芯径向功率分布,换料时新燃料的富集度一般与第一循环燃料富集度不同(一般要高于第一循环燃料富集度),这样从第一次换料开始至第一循环所有燃料全部卸出堆芯为止的那个循环,通常称为过渡循环,以后的循环称为平衡循环。当然所谓平衡循环只是理论上的平衡,实际上由于电网的限制、堆芯燃料管理策略的变化、设备检修和故障等原因,平衡经常被打破。虽然如此,平衡循环的概念仍具有重要的理论价值。从平衡循环与过渡循环的数量上来看,核电厂绝大部分时间在平衡循环下运行,因此可以认为是核电厂设计的一个非常重要的经济指标,并被燃料管理人员定为目标运行循环。

在进行堆芯燃料管理设计的同时需要对堆芯安全性进行考虑,当然,这时的安全性考虑不是指全面的安全分析或安全评价,而是利用堆芯燃料管理设计程序进行初步安全评价,在堆芯燃料管理方案设计阶段,初步安全评价的内容一般包括:①堆芯径向功率峰因子(F_{xy})或核焓升因子($F_{\Delta H}$)满足设计准则要求。对于外-内(Out-In)装载的堆芯,由于堆芯功率峰因子随堆芯燃料燃耗而下降,因此只要验证循环初期堆芯功率峰因子是否满足设计准则要求就可以了。而对于低泄漏装载的堆芯,由于燃料使用了可燃毒物,堆芯功率峰最大值可能出现在循环燃耗中期或后期,因此对低泄漏装载的堆芯,需要验证循环内几个燃耗时刻的堆芯功率峰因子,特别是在可燃毒物释放反应性最大时对应的堆芯燃耗附近要进行堆芯功率峰因子的验证。不论是 Out-In 装载方式,还是低泄漏堆芯装载方式,除了需要分析堆芯功率峰因子随燃耗变化外,还需要对堆芯不同控制棒插入状态下的功率峰因子进行分析,以确认其满足设计准则要求。②所设计的堆芯在任何状态下慢化剂温度系数皆为负值,使反应堆具有负的反应性反馈特性,以满足堆芯安全性要求。③反应堆停堆裕量必须大于规定的最小值,以确保事故工况下反应堆安全停堆。④卸料组件燃耗满足燃料燃耗限制要求。燃料燃耗限制主要包括两方面的内容:第一,燃料棒的燃耗限制,这些限制主要针对燃料棒在反应堆内运行的行为,如对燃料棒氧化、蠕变、坍塌、内压等进行分析,确认燃料棒在该燃耗限制之内运行的安全性;第二,燃料组件的燃耗限制,主要是通过对燃料组件的机械性能包括组件辐照生长、定位格架夹持力等进行分析,确认燃料组件的燃耗在最大限制范围内。

堆芯燃耗分析是在热态满功率(Hot Full Power,HFP)、所有控制棒提出堆芯(All Rod Out,ARO)的条件下进行的。堆芯燃耗分析除需要给出堆芯燃料管理主要设计结果,包括:堆芯循环长度、临界硼浓度、堆芯功率峰因子、堆芯功率分布等随堆芯燃耗变化的预计值等,还需要给出燃料中主要同位素如钚、铀的产生量和消耗量,以进行核材料核算。对采用调硼方式维持临界的核电站反应堆,当堆芯临界硼浓度降低至约为 10ppm 时,反应堆燃料将不能维持临界,需要停堆换料。

表 6-1 给出了某压水堆核电站各循环中各批燃料的分布情况。表 6-2 给出了堆芯燃料管理分析的主要结果。

表 6-1　各循环堆芯燃料组件数

区	^{235}U 富集度/%	各循环分区燃料组件数				
		第一循环	第二循环	第三循环	第四循环	第五循环
1a	1.80	69	1			
1b	2.40	72	64			
1c	3.10	64	64	49		
2	3.70		76	76	45	
3	4.45			80	80	45
4	4.45				80	80
5	4.45					80

表 6-2　燃料管理分析主要结果

区	^{235}U 富集度 %	各循环分区燃耗/(MW·d·(tU)$^{-1}$)					平均批卸料燃耗/(MW·d·(tU)$^{-1}$)	最大卸料组件燃耗/(MW·d·(tU)$^{-1}$)
		第一循环	第二循环	第三循环	第四循环	第五循环		
1a	1.80	14320	10168				14355	23533
1b	2.40	14892	14200				27514	30592
1c	3.10	10930	11022	15696			33968	43481
2	3.70		17045	13625	13120		38434	50136
3	4.45			21133	16979	11865	44786	53888
4	4.45				21775	16713		
5	4.45					21547		
初始硼浓度/ppm		1083	1304	1473	1625	1614		
循环长度	MW·d/tU	13429	14255	17570	18448	18257		
	EFPD	348	369	454	475	470		
$F_{\Delta H}$ 最大值 (HFP, ARO, 平衡 Xe)		1.353	1.423	1.472	1.459	1.480		
新燃料组件中可燃毒物棒数量*		1296	848	1264	1280	1280		

* 第一循环为硼可燃毒物棒,后续循环为载钆可燃毒物燃料棒。

6.3　堆芯功率能力

压水堆核电厂堆芯功率能力分析主要目的是在已知反应堆运行模式和燃料装载的情况下,要求运行工况遵守设计安全准则。

6.3.1　设计安全准则

(1)偏离泡核沸腾(Departure from Nucleate Boiling,DNB)准则。在压水堆内,当燃料棒包壳表面的热流密度达到某一值时,表面的换热机理将从泡核沸腾转变为膜态沸腾,导致传热系数陡降,包壳表面温度骤升,这就是偏离泡核沸腾状态,此时表面的热流密度称为临界热流密度。反应堆运行时,不允许燃料包壳表面发生 DNB,通常用偏离泡核沸腾比(Departure from Nucleate Boiling Ratio,DNBR)来定量地表示这个限制条件,DNBR 等于临界热流密度与燃料包壳表面局部热流密度的比值。为了使燃料元件不烧毁,对于 Ⅰ 类工况要求堆芯最小DNBR 应大于某一限值;对于 Ⅱ 类工况,要求堆芯在超温 ΔT 保护通道下,最小 DNBR 应大于某一限值。

(2)燃料不熔化准则。在 Ⅰ 类工况和 Ⅱ 类工况相关的模式运行期间,燃料元件芯块内最高温度不应超过相应燃耗下燃料的熔化温度。未经辐照的二氧化铀的熔化温度为 2800 ℃,燃耗每增加 10 GW・d/tU,其熔化温度降低 32 ℃,目前燃料芯块中心温度选取的限值大多介于2200～2450 ℃。为了使燃料芯块不熔化,需要限制燃料棒的线功率密度。

(3)失水事故(Loss of Coolant Accident,LOCA)准则。在发生失水事故时,应避免燃料包壳锆水反应激化,导致包壳熔化、氧化或形成低共熔混合物,此原则对堆芯功率分布的限制最强,是建立反应堆安全运行区域的基本设计依据。

6.3.2　轴向功率偏移目标值

为使运行工况遵守设计安全准则,如果能实时准确监测堆芯线功率密度和DNBR,那么堆芯的安全就可以被保障。目前第三代反应堆 AP1000、EPR、VVER 具有这样的在线监测系统,但技术尚不成熟。如若不能监测上述关键安全参数时,就需要将关键安全参数转化为可监测的堆芯功率 P_r 和轴向功率偏差 ΔI(径向功率分布受燃料装载影响,在燃耗过程中变化不大),最早期的方法是确定在满功率时的轴向功率分布在一定偏移范围内能够满足设计安全准则,则在正常运行时,要求不管运行功率水平是多少,要保持同样的轴向功率分布形状,用轴向功率偏移 AO 为常数 AO_{ref} 来控制反应堆,这种反应堆运行的控制方法称为常轴向偏移控制(Constant Axial Offset Control,CAOC)。目前我国正在运行的大亚湾核电站、岭澳核电站、秦山核电站、秦山第二核电厂均采用这种控制方式。这个常数 AO_{ref} 是在满功率、平衡氙、主调节棒组位于抽出限制(咬量)时计算的轴向功率偏移。轴向功率偏移目标值是随堆芯燃耗变化而变化的,因此在核电站实际运行时 AO_{ref} 需要作定期调整,图 6-4 给出了 AO_{ref} 随堆芯燃耗的变化示意图。在实际运行中,并非严格要求 AO 为常数,而是允许在目标值 AO_{ref} 附近的一个称为目标带(也称为运行带)的小范围内变动,对应的轴向功率偏差 ΔI 应在 $\Delta I_{ref} \pm 5\%$FP的区域之内变动,如图6-1所示。

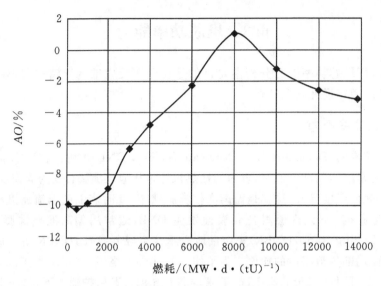

图 6-1　目标轴向功率偏移 AO 随堆芯燃耗变化

6.3.3　堆芯功率分布模拟

考虑到 CAOC 控制中还有一定的安全裕量,运行带域还有放宽的可能,松弛轴向偏移控制(RAOC)在保证反应堆安全运行的前提下尽可能地放宽运行区域,可以减轻硼系统的压力;在负荷跟踪运行时,可以增加空转备用能力;可以减少控制棒调整动作和提高功率返回能力。为了尽可能地释放 $\Delta I - P_r$ 运行空间,则必须对 $\Delta I - P_r$ 图中每一点对应的所有可能的功率分布都进行分析。舍弃掉不满足准则的功率分布所对应的运行点,最后得到我们所需要的 $\Delta I - P_r$ 运行空间。堆芯轴向功率分布受到功率水平、堆芯燃耗、控制棒的提插,尤其是氙瞬态等因素的影响,理论上讲,这些参数的变化将产生无穷多的堆芯轴向功率分布。由于计算时间的限制,不可能不加限制增加堆芯轴向功率分布的计算数量,因此堆芯功率分布模拟的任务就是选择足够数量具有代表性的包络性工况,计算堆芯轴向功率分布。

堆芯轴向功率分布模拟通常采用一维稳态堆芯中子学程序进行,以负荷跟踪模式运行的压水堆核电厂为例,针对特定循环,考虑到系统调硼能力的限制,堆芯在运行至 85％寿期后,将不再要求负荷跟踪能力,因此,堆芯功率能力分析一般在 85％循环长度以内进行。

Ⅰ类工况堆芯轴向功率分布的模拟,应覆盖Ⅰ类工况运行图区域。Ⅰ类工况轴向功率分布模拟时主要考虑以下因素:①堆芯燃耗,一般在 85％循环长度内分析 3～4 个燃耗时刻;②氙瞬态,一般取 100％FP～70％FP、100％FP～50％FP、100％FP～30FP 三个降功率台阶后 8 小时内的氙分布;③在每个氙分布下升功率台阶,一般考虑 80％FP、90％FP、97％FP(验证小破口事故)、100％FP 等;④调节棒组的移动。

Ⅱ类工况轴向功率分布的产生是以Ⅰ类工况运行图内的运行点作为起点,模拟Ⅱ类工况典型事故的发生并过渡到Ⅱ类工况时产生的堆芯轴向功率分布。Ⅱ类工况轴向功率分布模拟时主要考虑三种反应性引入事故:①硼稀释事故;②控制棒组失控抽出;③二次侧负荷过载。

　　在考虑上述因素后,经一维稳态堆芯中子学程序计算,将分别产生足够多的Ⅰ类、Ⅱ类工况堆芯轴向功率分布,它包络了反应堆在Ⅰ类、Ⅱ类工况运行时的堆芯轴向功率分布,这些分布与堆芯径向功率峰因子一起分别作为Ⅰ类、Ⅱ类工况下线功率密度和 DNBR 验证的基础。

6.3.4　Ⅰ类工况运行图的确定

　　堆芯功率分布的不均匀程度通常采用核热点因子 F_Q^T 来描述,F_Q^T 为堆芯最大线功率密度与平均线功率密度的比值。对于正常运行工况,必须保持 F_Q^T 在 LOCA 包络限值范围之内。总的热点因子 F_Q^T 是由径向和轴向功率分布共同确定的,一般采用综合法进行计算,即分别进行一维和二维计算得到轴向功率峰因子 F_z 和径向功率峰因子 F_{xy},然后两者相乘获得总的热点因子。这种计算是偏保守的,因为它将堆芯一维和二维最不利的功率分布叠加在一起。随着计算机计算速度和存储技术的发展,近年来三维堆芯功率能力分析方法得到发展和应用,三维功率能力分析最大的好处是能够得到最佳的分析结果,充分利用了设计裕量,其不足之处在于方法不保守,牺牲了堆芯的安全性。

　　基于综合法的核热点因子计算公式如下:

$$F_Q^T = \max[F_{xy}(z)P(z)F_{Xe}F_I S(z)] \tag{6-1}$$

式中:$F_{xy}(z)$ 为堆芯轴向 z 处的径向功率峰因子;$P(z)$ 为堆芯轴向 z 处功率密度与堆芯平均线功率密度之比;F_{Xe} 为径向氙振荡不确定因子(如 1.03);F_I 为总的不确定因子(如 1.14),综合考虑芯块密度、富集度、可燃毒物等的制造误差,燃料棒弯曲,功率分布计算的不确定因子等因素;$S(z)$ 为燃料密实化因子,对Ⅰ类工况 $S(z)=1$;对非Ⅰ类工况 $S(z)>1$,从堆芯底部到顶部由小到大线性变化(如变化范围为 1.02~1.06)。

　　在不同的运行工况下,由于控制棒位置和轴向功率分布的变化会使反应堆轴向功率形状发生变化,也即改变了径向和轴向热点因子的数值。但是 F_Q^T 是一个不可测量的量,为适应核反应堆轴向功率分布监控的需要,避免出现热点,F_Q^T 所规定的限值通过一个可有效测量的中间量,即轴向功率偏移(AO)来测量。轴向功率偏移为堆芯上部功率 P_T 和堆芯下部功率 P_B 之差除以堆芯功率:

$$AO = \frac{P_T - P_B}{P_T + P_B} \times 100\% \tag{6-2}$$

　　通过对上一小节所确定的堆芯燃料管理各循环不同燃耗时刻Ⅰ类工况所有瞬态的计算分析,可以给出堆芯不同状态下的轴向功率偏移 AO 与核热点因子 F_Q^T 的对应关系,如图 6-2 所示。从 AO 的定义式可以看出,轴向功率偏移 AO 是轴向功率分布的形状因子,不能真实体现堆芯上部和下部功率的差异,因为对不同堆芯功率水平,可能具有相同的 AO。因此,核电站厂通过堆芯外围的探测器测量轴向功率偏差 ΔI,来指导反应堆的运行。ΔI 等于堆芯上部和下部功率差值:

$$\Delta I = P_T - P_B \tag{6-3}$$

　　通过 F_Q^T-AO 的包络线,利用 ΔI 与 AO 的关系,以及由 LOCA 事故所确定的线功率密度限值(如 418 W・cm^{-1}),即可导出Ⅰ类工况的轴向功率偏差 ΔI 和堆芯功率 P_r 的关系(此部分推导详见参考文献[2]，这里不做详细介绍）。由此关系和堆芯物理限值线可以确定反应堆的初始运行梯形图，如图 6 - 3 所示。在这个运行图内，所有的工况点都满足由 LOCA 事故所确定的线功率密度限值。此运行图还需要进一步做 DNBR 验证，如有不能满足 DNB 安全裕量的点，将缩小运行图范围，如图 6 - 4 中的 EF 线。

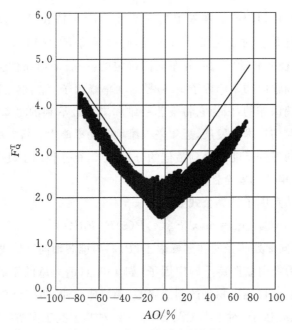

图 6 - 2　F_Q^T - AO 瞬态蝇迹图

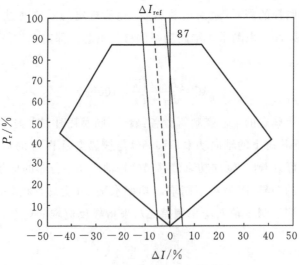

图 6 - 3　反应堆初始运行梯形图

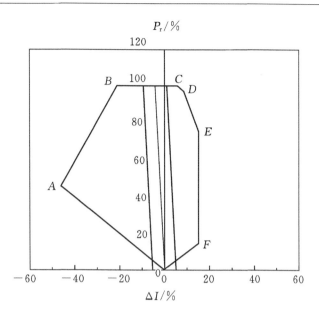

图 6-4　G 模式典型反应堆运行梯形图

6.3.5　Ⅱ类工况保护图

Ⅱ类工况瞬态分析是以Ⅰ类工况瞬态分析的具有包络性质的轴向功率分布及运行图为初始条件,叠加Ⅱ类事件,以产生轴向功率分布不利变化,同Ⅰ类工况类似,利用 F_Q^t-AO 的包络线以及最大的线功率密度不超过燃料熔化限值(如 590 W/cm)可以确定超功率保护梯形图,如图 6-5 所示。由 ΔI-P_r 的关系确定堆芯的超功率和超温保护整定值。同样也需要检验在超温保护整定值下,发生Ⅱ类事故,DNBR 能否满足限值要求,如若不能,则需降低超温保护整定值,或者减小运行梯形范围,切除发生不满足限值的超温工况,如图 6-4 中的 DE 线。而图 6-4 的 CD 线则是因为系统 LOCA 安全装置的原因,针对小破口事故,对堆芯顶部有更严格的限制条件。

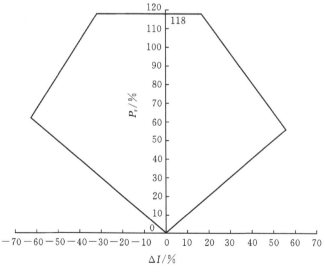

图 6-5　超功率保护图

6.4 反应性系数

6.4.1 引言

反应性系数反映了由于反应堆运行工况变化,如功率水平、慢化剂平均温度、燃料温度、压力等的变化引起的有效增殖系数的变化。反应堆的各种反应性系数基本上确定了堆芯的动力学特性。堆芯动力学特性则决定电厂因运行条件变化时堆芯的响应能力,包括:正常运行条件下,操纵员作调整时堆芯的响应能力;非正常或事故过渡工况下堆芯的响应能力。因此,反应堆的反应性系数与反应堆的安全运行和事故分析是紧密相关的。

6.4.2 慢化剂温度系数

慢化剂温度系数定义为慢化剂平均温度每变化 1 ℃引起的堆芯反应性变化,通常慢化剂密度和温度变化的影响是同时考虑的。慢化剂温度升高时,其密度的减小意味着慢化能力减弱,从而导致负的慢化剂温度系数。如慢化剂密度一定,其温度增加会导致中子能谱变硬,造成^{238}U 和^{240}Pu 等同位素共振吸收增大,同时硬化的中子能谱还会使^{235}U 和^{239}Pu 的裂变减小,这种效应使负慢化剂温度系数变得更负。但是,由于水密度变化引起的反应性变化比温度变化引起的反应性变化更大,因此,慢化剂温度系数主要取决于密度变化引起的反应性变化。

当把可溶硼作为反应堆反应性控制的一种手段时也会对慢化剂密度系数产生影响。这是由于当慢化剂平均温度上升时,堆芯可溶硼密度随水密度下降而减小,可溶毒物浓度的下降将会在慢化剂温度系数中引入一个正的分量,因而当可溶毒物浓度足够大时,慢化剂温度系数的净值可能为正。但是,使用可燃毒物棒后,初始热态堆芯临界硼浓度可以使相应温度下慢化剂温度系数为负。同时控制棒的插入将减少所需的可溶硼浓度且增加堆芯中子泄漏,其结果将使慢化剂系数更负。

图 6-6 给出了堆芯慢化剂温度系数随堆芯燃耗的变化示意图。随着堆芯燃耗增加,慢化剂温度系数变得越来越负,这首先是由于可溶硼浓度的降低,其次是由于钐和其他裂变产物积累引起的。

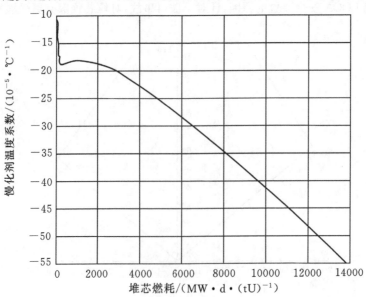

图 6-6　堆芯慢化剂温度系数随燃耗的变化

6.4.3　多普勒功率系数

多普勒功率系数定义为功率每变化额定功率的 1% 时由于多普勒效应引起的反应性变化。多普勒效应是由于燃料温度变化时 ^{238}U 和 ^{240}Pu 有效共振吸收截面变化而引起的反应性变化，其他同位素如 ^{236}U、^{237}Np 等共振吸收的变化对多普勒效应也有贡献，但作用较小。

在计算多普勒功率系数时，不考虑慢化剂温度效应，即认为温度变化时慢化剂的原子核密度不变，其截面也不变。多普勒功率亏损即多普勒功率系数积分。图 6-7 给出了某压水堆多普勒功率系数随堆芯功率的变化趋势。

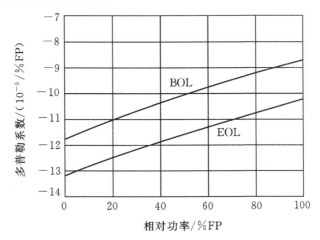

图 6-7　多普勒功率系数随功率的变化

6.4.4　功率系数

功率系数定义为堆芯功率每变化额定功率的 1% 由慢化剂和燃料温度效应共同引起的反应性变化。图 6-8 给出不同硼浓度下功率系数随功率的变化示意图。另外，随着燃耗加深，功率系数变得更负，反映了慢化剂和燃料温度系数随燃耗变化的综合效应。

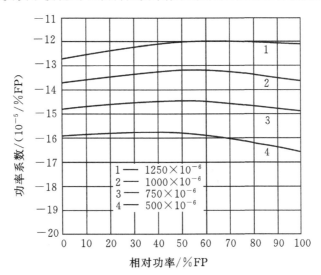

图 6-8　不同硼浓度下功率系数随功率的变化

6.4.5 硼微分价值

硼微分价值定义为堆芯单位硼浓度变化引起的反应性变化。图 6-9 给出不同硼浓度下堆芯可溶硼微分价值随慢化剂密度的变化趋势。

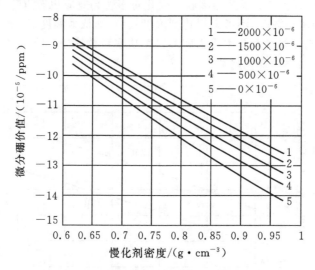

图 6-9 可溶硼微分价值随慢化剂密度的变化

6.5 反应性控制

6.5.1 引言

堆芯反应性通常采用可溶硼、控制棒和可燃毒物来控制。三种手段配合使用保证反应堆处于可控状态，满足在任何运行模式下都能实现最小停堆裕量的要求，包括功率运行、堆芯启动、热备用、安全停堆、冷停堆等工况。

6.5.2 可溶硼

可溶硼控制是依靠溶解在慢化剂中的硼酸来补偿反应性变化的一种手段，主要用于补偿时间过程较缓慢的反应性变化，包括：从冷态到热态零功率过渡过程中的慢化剂温度效应；反应堆功率变化引起的氙和钐中毒效应的变化；燃耗、裂变产物的反应性效应；可燃毒物的燃耗效应。可溶硼控制的特点是对堆芯功率形状不起破坏作用。可溶硼对中子的吸收主要依靠 ^{10}B，天然硼中的 ^{10}B 富集度为 19.8%，其热中子吸收截面约为 3838 b。

反应堆中部分初始的剩余反应性控制由可溶硼来承担，因此，必须计算出冷却剂中可溶硼浓度随运行工况、燃耗变化的曲线，据此确定冷却剂内硼浓度的调节周期和调节量。

反应堆冷、热停堆时，所需的最小停堆次临界度是由控制棒组插入堆芯和最小可溶硼浓度一起提供的。为了保证在停堆后发生硼稀释事故时堆芯的安全性，要求必须提供额外的负反应性。停堆时的次临界度由很多因素决定，主要有未能测出的氙毒、被操纵员所控制的控制棒棒位及可溶硼浓度。由于停堆时的反应性是不可测量的，因此必须建立控制棒棒位及硼浓度设定点。由于控制棒棒位是预先设定的，因而必须计算停堆硼浓度限值。

6.5.3　控制棒

控制棒控制具有控制速度快、可靠、有效的特点,控制棒是当今反应堆控制的主要手段。反应堆核设计时需要进行控制棒布置和分组设计,这些设计主要由核电厂的运行模式决定,主要目的是在反应堆运行时进行反应性调节及功率分布控制,同时使堆芯具有足够的停堆裕量。控制棒控制一般要求如下。

1. 停堆裕量

控制棒控制主要作用之一是用于补偿从零负荷到满负荷范围内功率变化引起的燃料温度和慢化剂温度变化的反应性效应,在Ⅰ类工况下控制棒提供最小的停堆裕量。停堆裕量是指当假设反应性价值最大的一束控制棒卡在全提位置,其他控制棒落入堆芯,使堆芯达到的次临界度。反应堆最小停堆裕量的要求主要受主蒸汽管道破裂事故的限制。该事故发生时,堆芯中将引入正的反应性。为了防止反应堆在停堆后重返临界,需要反应堆具有足够的停堆裕量。为了使反应堆从功率运行达到热停堆工况,必须依赖控制棒组件的插入,基本要求是控制棒必须提供足够的负反应性,保证反应堆达到所要求的热停堆深度,停堆深度需综合考虑控制棒组插入后引入的负反应性,以及从热态满功率(HFP)到热态零功率(HZP)时各种反馈效应引入的正反应性。

对于负反应性的引入,为假设反应性价值最大的一束控制棒被卡在全提位置,其他控制棒全部插入时引入的反应性,并考虑计算不确定性后得到的净反应性。正反应性引入主要包括从 HFP 至 HZP 时由于功率降低而引起的慢化剂温度效应、多普勒效应、通量再分布效应及空泡效应等。当反应堆由 HFP 过渡到 HZP 时,由于慢化剂温度系数为负,因此功率下降将引起反应性增加。随着燃料燃耗增加,临界硼浓度下降,慢化剂温度系数会变得更负,因而这个效应在堆芯循环末期更为重要。多普勒效应是由 ^{238}U、^{240}Pu 等同位素共振峰随燃料芯块温度增加展宽而引起的。由于从满功率到零功率,燃料芯块温度变化大,因此这个效应也很重要。在反应堆功率运行时,堆芯慢化剂密度随堆芯高度上升而下降;而在零功率时,慢化剂密度沿堆芯高度为常量,因此从 HFP 到 HZP 时轴向通量分布会有相应的改变,这会导致轴向中子泄漏的变化从而引起反应性的改变。空泡效应是由堆芯局部沸腾后产生少量体积的小气泡引起,在功率降低时,气泡消失将引入正反应性,不过由于空泡体积小,其引入的正反应性很小,一般不超过 50×10^{-5}。

停堆深度通过上述计算得到的负、正反应性的代数和求得,它需要与设计准则规定的最小停堆裕量限制值进行比较以确认堆芯安全性。堆芯在热态功率运行时是否具备足够的停堆裕量,可以通过对比堆芯当前状态的可溶硼浓度和反应堆在该时刻的停堆硼浓度来进行论证。若当前运行硼浓度高于停堆后要求的硼浓度,则证明具备足够的额外停堆裕量,若发生停堆,则核电厂将直接进入安全停堆状态。

2. 负荷调节

反应堆在寿期内具备一定的负荷调节能力,完成这些负荷调节通常依靠控制棒组的连续移动或控制棒组移动结合化学与容积控制系统动作实现。在负荷调节期间除了需要进行堆芯功率的调节,还要保证堆芯轴向功率偏移在技术规格书所规定的范围内。根据负荷调节的幅度、功率变化的速率、轴向功率的控制精度、调硼的要求等,对控制棒组都会有不同的设计要求。

3. 运行模式

目前核电站反应堆有三种运行模式:基本负荷(基荷)运行模式、负荷跟踪运行模式、机械补偿运行(MSHIM)模式。对于以基荷运行模式运行的反应堆,控制棒按功能分为调节棒和停堆棒。调节棒用于调节反应堆功率和慢化剂平均温度,功率运行时调节棒还可插入堆芯以控制功率分布;停堆棒组在反应堆运行时处于堆芯上部外端,一旦需要紧急停堆就迅速插入堆芯,使反应堆处于次临界状态,并保持一定的次临界度。对于以负荷跟踪模式运行的反应堆,控制棒按功能分为功率补偿棒、温度调节棒和停堆棒。功率补偿棒部分是灰棒(G 棒组)、部分是黑棒(N 棒组),温度调节棒全是黑棒。灰棒束由银-铟-镉吸收棒与不锈钢棒混合组成,黑棒束由银-铟-镉吸收棒组成。负荷跟踪时,功率补偿棒组按一定顺序与重叠步在堆芯中移动,粗调堆芯功率以跟踪外界负荷变化。温度调节棒则用于功率水平的精确调整,用于补偿由于弱的氙变化或灰棒组整定不确定性而产生的剩余反应性变化,以及限制轴向功率偏差。美国 AP1000 反应堆以及我国设计的 CAP1400 等三代反应堆中采用了机械补偿运行模式,主要采用控制棒而不是可溶硼来进行日常运行时的燃耗补偿、快速反应性变化和功率的调节。该运行策略可用于基本负荷运行,也可用于负荷跟踪运行。它以常轴向偏移控制为基础,采用两种功能独立的控制棒组(M 棒组和 AO 棒组),M 棒组采用灰棒进行反应性控制,AO 棒组采用黑棒进行轴向功率的控制。

4. 功率分布控制

核电厂在功率运行时,控制棒插入或提出不应导致堆芯径向功率和轴向功率分布发生严重畸变,而使功率峰因子超出设计限值。此外,堆芯轴向偏移的控制精度也对控制棒组设计要求有影响。

反应堆核设计还要对控制棒进行分组,并设计各控制棒组的叠步提棒程序,设计的原则有:

(1)调节组的效率应满足电厂负荷调节的要求;

(2)分组提棒程序应使堆芯功率不均匀系数在允许的范围之内;

(3)分组后各棒组价值不宜过大,以便满足各棒组的最大提升功率(即相应的反应性引入速率)小于设计准则规定的要求;

(4)控制棒需要在一定的调节带内移动,即确定控制棒咬量和插入极限。

控制棒咬量:为了确保主调节棒组具有足够的反应性引入能力,以满足反应堆功率线性变化及负荷阶跃变化的机动性要求,并尽可能使轴向功率分布平坦,需要限制主调节棒组的最小插入深度,我们把这个要求的最小插入位置称为咬量。一般要求棒组在设计咬量位置处具有 2.5×10^{-5}/步的微分价值。需要指出的是,由于反应堆堆芯燃耗会引起轴向功率的变化,满足 2.5×10^{-5}/步微分价值的控制棒插入棒位也会变化,因此主调节棒组的咬量是随堆芯燃耗变化的。表 6-3 给出了某参考压水堆核电站堆芯主调节棒组的咬量随堆芯燃耗的变化情况。

表 6-3　主调节棒组的咬量位置

堆芯燃耗/(MW·d·(tU)⁻¹)	主调节棒组咬量/步
150	28
1000	27
2000	23
4000	17
6000	12
8000	8
10000	6
12000	4

控制棒插入极限即控制棒插入的最大深度,限制主调节棒组插入极限是为了满足下述要求:停堆裕量要求、弹棒事故安全准则、焓升因子限制。

基于上述要求,需要给出主调节棒组插入限值随功率水平和燃耗的变化关系,满功率时插入极限的设置应满足堆芯反应性控制和功率分布控制的要求;低功率时还应能补偿功率亏损引起的反应性变化。在反应堆控制中,当主调节棒组插入接近限值时,将触发预报警系统。图 6-10 为某压水堆主调节棒插入限值。

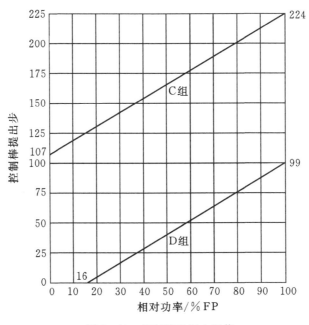

图 6-10　控制棒组插入限值

6.5.4　固体可燃毒物

压水堆核电站反应堆除采用硼酸外,堆芯还需要布置固体可燃毒物以补偿部分剩余反应性。采用可燃毒物控制可以降低堆芯临界硼浓度,防止在正常运行工况时出现正的慢化剂温度系数,并且通过固体可燃毒物的合理布置以展平堆芯功率分布。

目前压水堆核电站使用的固体可燃毒物主要有离散型可燃毒物和整体型可燃毒物。离散型可燃毒物一般做成可燃毒物组件,插在燃料组件导向管内;整体型可燃毒物是以燃料为载体,将可燃毒物弥散在燃料中或将可燃毒物喷涂在燃料芯块表面来控制堆芯反应性和展平堆芯功率。

一般地,压水堆核电站在首循环堆芯都采用离散型可燃毒物,如我国大亚湾核电站、秦山核电站、秦山第二核电厂等首循环堆芯都采用这种可燃毒物(硼硅酸盐玻璃管,起主要作用的是 [10]B),这种可燃毒物的特点是燃耗较慢,比较适合于较长燃料循环的堆芯装载,但由于它只能布置在有限位置的燃料组件导向管内,还要求不能与控制棒发生干涉,不能灵活布置,同时在燃料循环末残存可燃毒物较多,即对堆芯反应性惩罚较大,因此一般除第一循环堆芯使用这种可燃毒物外,换料堆芯不采用这种可燃毒物。

目前在压水堆核电站使用较多的是整体型可燃毒物,在长燃料循环堆芯装载设计时,需要考虑所设计的堆芯具有足够的剩余反应性以满足如 18~24 个月循环要求,特别是长循环堆芯通常都是考虑采用低泄漏装载,为了储备后备反应性和展平堆芯功率分布,要求可燃毒物在堆芯中能够灵活布置。目前国际上有两种整体型可燃毒物设计,一种是将可燃毒物弥散在燃料中,使用得较多的是 Gd_2O_3 和 Er_2O_3 材料,还有一种是将可燃毒物喷涂在燃料芯块表面,如 ZrB_2 材料。整体型可燃毒物相对离散型可燃毒物的优点是燃料循环末期反应性惩罚小,在布置上非常灵活,可以做到同时考虑展平堆芯径向和轴向功率分布,但不足的是由于布置方式灵活,给燃料组件的制造带来较大的复杂性。

6.6　动力学参数

6.6.1　缓发中子

由先驱核产生的缓发中子平均能量比裂变直接产生的瞬发中子平均能量低,因此缓发中子具有较小的泄漏概率,也即具有较高价值。然而缓发中子不能产生快裂变,因而其相应价值又较低。为了考虑两者价值上的差异,将先驱核第 i 组的份额乘以价值因子 $\bar{I}_i$,可得到第 i 组有效缓发中子份额为

$$\bar{\beta}_{i,\text{eff}} = \bar{I}_i \beta_i \tag{6-4}$$

假想对先驱核所有能群,其缓发中子平均价值都相同,则可给出总的有效缓发中子份额为

$$\bar{\beta}_{\text{eff}} = \bar{I} \sum_{i=1}^{6} \bar{\beta}_{i,\text{eff}} \tag{6-5}$$

对于所考虑的可裂变同位素,每个先驱核的缓发中子份额一般来说是不同的,为了标定反应性仪表,需要给出堆芯各燃耗时刻每个同位素的缓发中子份额。表 6-4 给出了某压水堆核电站缓发中子参考数据。

表 6-4 缓发中子数据

组	BOL		EOL	
	$\bar{\beta}_{i,\text{eff}} / 10^{-5}$	$\bar{\lambda}_i / \text{s}^{-1}$	$\bar{\beta}_{i,\text{eff}} / 10^{-5}$	$\bar{\lambda}_i / \text{s}^{-1}$
1	21.7	0.0125	14.6	0.0126
2	146.3	0.0308	111.8	0.0307
3	135.3	0.1147	98.7	0.1193
4	282.4	0.3102	200.2	0.3186
5	96.2	1.2325	72.1	1.2466
6	32.4	3.2874	25.2	3.2628
总计	714.3		522.6	

注：$\bar{\beta}_{\text{eff}} = 0.97 \sum\limits_{i=1}^{6} \bar{\beta}_{i,\text{eff}}$

6.6.2 以倍增时间为函数的反应性

核设计需要给出堆芯寿期初以倍增时间为函数的反应性以供电厂反应堆启动作为参考。反应性与倍增时间的关系为

$$\rho = \frac{l^*}{T} + \bar{I} \sum_{i=1}^{6} \frac{\bar{\beta}_{i,\text{eff}}}{1 + \lambda_i T}$$

式中：l^* 为瞬发中子寿命；T 为渐近周期；$\bar{\beta}_{i,\text{eff}}$ 为第 i 组先驱核缓发中子份额；λ_i 为第 i 组先驱核衰变常数。

6.7 氙和钐的动态特性

当反应堆功率运行后停堆，氙的浓度以特定的方式变化（氙峰形式），如图 6-11 所示。钐的特性则与氙不同，钐为稳定核素，其浓度一直增加，直至其先驱核全部衰变完毕。

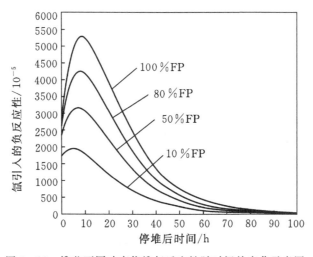

图 6-11 堆芯不同功率停堆氙反应性随时间的变化示意图

6.8　中子源

中子源的作用是为了将反应堆在启动和临界过程中很低的中子注量率提高到核测仪表能够监控的水平,使反应堆的临界过程处于有效的监督之中。中子源可分为一次中子源和二次中子源,一次源用于首堆启动,二次源放入堆芯中通过反应堆运行后活化,用于换料堆芯或反应堆停堆后的启动之用。压水堆核电站一次中子源一般用锎源,二次中子源用锑铍源,也有核电站无源启动。

6.9　启动试验数据

反应堆首次启动物理试验是核电厂调试过程中的一项大型试验,它包括堆芯装料、首次临界、零功率物理试验和升功率过程在各功率台阶上的物理试验。反应堆首次启动物理试验一般要持续半年以上,一直到核电厂投入商业运行后结束,换料堆芯物理试验内容则要简化得多。反应堆首次启动物理试验的主要目的是:①使反应堆安全地达到临界;②在零功率状态以及各功率台阶上,验证堆芯有关物理性能参数的测量值是否符合设计准则,满足有关安全准则;③对堆内和堆外核仪表系统性能进行测量和检验;④验证反应堆的安全性和堆芯核设计的正确性;⑤有关仪器仪表和系统将经受考验,有关运行和调试程序将得到验证。

燃料管理需根据相关调试大纲、试验导则和细则以及燃料组件出厂性能参数,给出反应堆物理试验所涉及的各项测量参数的理论预计值,通过理论预计值与实测值的比较,可以达到验证堆芯核设计的正确性和计算方法、程序的有效性的目的。

(1)首次临界。反应堆的首次临界试验,是在 HZP 条件下进行,首先将停堆棒组提出堆芯,然后按重叠方式提升调节棒组,通过稀释硼浓度-提棒-再稀释方式,使堆芯达到临界。

(2)临界硼浓度。临界硼浓度是压水堆堆芯反应性大小的一个重要表征量。在启动物理试验分析中,需要给出在 HZP 工况下,全提棒状态(ARO)和控制棒组不同插入位置时堆芯临界硼浓度的理论预计值,同时要给出 HFP、ARO 状态下堆芯临界硼浓度随燃耗变化的理论预计值,以便与实测值进行比较。

(3)硼微分价值。硼微分价值定义为单位硼浓度变化所引起的堆芯反应性改变,它是表征可溶硼的反应性控制能力的一个重要量。

(4)控制棒价值。控制棒的反应性价值定义为该组控制棒全部插入和提出时堆芯有效增殖系数(k_{eff})的相对变化。控制棒价值计算的准确性直接影响到反应性的控制和反应堆的安全。因此需要在 HZP 状态下对控制棒价值计算值与测量值进行比较。

(5)慢化剂温度系数。堆芯慢化剂温度系数直接影响反应堆的自稳性能,核设计时需要提供热态零功率时慢化剂温度系数的设计值。

(6)堆芯功率分布。需提供从堆芯寿期初到寿期末、从热态零功率到热态满功率、从零氙状态到平衡氙状态的堆芯功率分布。

(7)其他。对首次反应堆启动,还需进行模拟弹棒试验及模拟落棒试验以充分验证堆芯的安全性,因此必须预先提供弹棒和落棒的理论计算数据。

参考文献

[1]　中国核工业总公司.压水堆核电厂反应堆核设计准则:EJ/T318 - 92[S/OL].[2020 - 08 - 30]. http://doczhi. com/p - 398431. html.

[2]　张建民.核反应堆控制[M]. 北京:原子能出版社,2009.

[3]　郑明光,严锦泉.大型先进非能动压水堆 CAP1400[M].上海:上海交通大学出版社,2018.

[4]　刘旭东,咸春宇.秦山核电二期工程堆芯核设计:891S - 42110 - BG1[R].成都:中国核动力研究设计院,1998.

[5]　咸春宇.秦山核电二期工程堆芯核设计目标和计算方法:891S - 42110 - BG7[R].成都:中国核动力研究设计院,1998.

第 7 章

换料堆芯安全评价

7.1 换料设计安全评价的原理

核电厂建造和投入运行前必须向国家核安全局提供安全分析报告,包括初步安全分析报告(Preliminary Safety Analysis Report,PSAR)和最终安全分析报告(Final Safety Analysis Report,FSAR),并经过审查批准。在 FSAR 中,已经对核电厂设计寿期内的运行情况和所有可能出现的各类工况都作了包络的安全分析,并确认了在整个寿期内核电厂的安全性。然而,FSAR 的安全分析是以堆芯燃料管理设计时所采用的预测性的计算得到的中子学和热工水力参数为依据进行的。因此,在反应堆运行过程中,燃料管理必须严格遵守 FSAR 规定的状态和参数限值才能确保核电厂运行的安全性。

换料堆芯安全评价所依据的参考文件包括核电厂已提交给国家核安全局的核电厂 FSAR 以及经其批准的其他有关安全分析资料。由于 FSAR 已经分析了核电厂寿期内从首循环到平衡循环所有可能出现的工况,从理想情况上看,FSAR 适用于核电厂反应堆的所有预期的燃料循环。在进行 FSAR 安全分析时的输入参数包络了所有后续循环的预计值,形成了安全分析的边界限值。

在核电厂的实际运行中,每个换料堆芯的燃耗功率历史与预先设计的堆芯燃料管理方案总有或多或少的差别,每一个新循环的换料堆芯的布置方案是在上一循环寿期末实际测量给出的燃耗分布的基础上,根据当前能量需求重新设计的。各循环换料堆芯的参数和状态将和FSAR 中的预测值有所偏离。这将使堆芯的动力学参数、控制棒价值和堆芯的功率分布等和FSAR 中的数值有差异,从而影响堆芯物理、热工性能和有关事故分析的结论。因而对每一个循环的换料堆芯的安全性都必须重新进行评价,以确认核电厂在新一循环中运行的安全性。

换料堆芯的安全评价并不需要像新设计核电厂那样对换料堆芯重新进行安全分析,那样堆芯换料设计的工作量太大无法在规定的时间内完成,因此换料堆芯的安全评价采用一种简化的方法对堆芯的安全性进行评价。安全边界分析方法是换料安全评价的基本原理和方法,其基本思想是对于给定的事故,当换料堆芯所有与事故有关的参数(后面称关键安全参数)都保守地处于 FSAR 安全分析的边界限值以内,则 FSAR 的结论是适用的,从而确认了该换料堆芯对给定事故的安全性。反之,当换料堆芯的关键安全参数超出 FSAR 的安全边界值,则需要对有关事故或换料堆芯进行重新分析或评价,以确定该超限参数对堆芯安全性的影响,必要时还需要修改相关的技术规格书和运行规程。如果重新分析和评价仍不能满足安全准则要求,则需要重新设计换料堆芯的装载方案以满足反应堆运行的安全需求。

安全边界分析的概念在理论上其实质是微扰动方法,认为安全参数的微小改变是对原来堆芯的一种扰动,同时假设不同安全参数的扰动对事故发展影响的单调性与解耦性,因而可以用对参考堆芯扰动的评价来替代对换料堆芯全面的事故安全分析。如果某种事故所有安全参数都保守地处于边界内,认为 FSAR 对该事故的结论对换料堆芯是适用的,不需要重新做进一步的安全分析;当一个或多个换料安全参数超界时,则需要进行安全再分析或再评价。根据关键安全参数扰动的大小,可以决定是否需对某一事故作全面的安全再分析或仅需作较简单的定量评价。对于关键安全参数的小扰动,安全边界分析方法的假设是一种合理的有效近似,敏感性分析方式的再评价就足以确认事故的安全性;对于关键安全参数大的非保守性扰动,边界分析的假设可能失效,这就需要进行事故的再分析,确认扰动对安全性的影响。

安全评价和事故再分析的初始条件、状态参数、分析方法和使用的计算机程序等都应当遵循 FSAR 中的标准和规定,采用核安全局认可的方法和程序进行计算和分析。再分析事故的计算结果必须满足 FSAR 中所规定的该事故的安全限值和验收准则。

7.2　换料堆芯安全评价工作的内容

换料堆芯安全评价的目的是证实现有安全分析文件,包括 FSAR 和已提交国家核安全局并经其认可的其他有关安全分析资料的有效性和适用性;确认在新的循环中核电厂运行的安全性。

换料安全评价的主要步骤可以分为以下两部分。

(1)对换料堆芯的关键安全参数进行验证。计算得到换料堆芯的关键安全参数,确认所有关键安全参数是否被 FSAR 中的限值所包络。关键安全参数是指一些堆芯的物理和热工水力参数,这些参数的改变将影响堆芯正常运行或瞬态的特性,以及事故工况发展的后果。

(2)当关键安全参数超限时,通过附加安全评价或安全再分析,确定其对事故发展及 FSAR 中结论的影响。一般来说,对于超限的参数,如果其对事故的后果影响较小,则可以通过利用其他安全参数可利用的安全裕量来补偿的办法进行评价;对于一些参数,可以通过修改技术规格书或运行规程来实现满足 FSAR 限值的要求,例如更改控制棒的插入限等;对于一些参数,如果通过上述安全评价仍难以满足设计和安全准则,则必须进行堆芯装载方案的部分或较大改变,甚至于装载方案的再设计,并且需要重新做安全分析工作,以满足安全准则要求。

换料堆芯安全评价分析的主要内容包括以下几方面。

(1)换料堆芯运行参数的确认,即确认换料堆芯计算时所采用的运行参数是否和 FSAR 假设的运行参数一致。这些运行参数主要包括堆芯功率、线功率、冷却剂温度、DNBR 设计准则、冷却剂流量、工作压力等。

(2)换料堆芯通用关键安全参数验证。通用关键安全参数是实际换料堆芯的总体特性的反映,一般对 FSAR 的许多事故瞬态过程和结果有影响。

(3)换料堆芯功率能力验证。堆芯功率能力验证主要包括 I 类工况 LOCA 限值验证和参考功率分布验证;II 类工况超功率保护和超温保护验证。

(4)换料堆芯特定事故关键安全参数验证。FSAR 中有一类事故后果会引起堆芯的功率分布异常,该类事故的后果不但与通用关键安全参数有关,而且与堆芯的具体布置特性有着密切的关系。因此,对于此类事故,需要检验一些具体和事故相关的特定安全参数,以确认换料堆芯该事故后果是否已被 FSAR 的分析结论所包络。

（5）检验 FSAR 事故是否有关键安全参数超限，如果有，则对超限参数对应的事故进行再评价和分析。在 FSAR 中所分析考虑的 Ⅱ 类、Ⅲ 类、Ⅳ 类事故，在换料安全评价中都要加以检验。表 7-1 列出了某压水堆核电厂换料安全评价中应考虑的各类事故工况名称。

表 7-1　换料安全评价中涉及的事故

序号	事故名称	事故类别	序号	事故名称	事故类别
1	控制棒提升（次临界状态）	Ⅱ	13	二次侧系统阀开启	Ⅱ
2	控制棒提升（功率运行状态）	Ⅱ	14	稳压器安全阀开启	Ⅲ
3	落棒	Ⅱ	15	冷却剂循环流量减小	Ⅲ
4	不可控硼稀释	Ⅱ	16	蒸汽管道小破口	Ⅲ
5	部分冷却剂流量丧失	Ⅱ	17	功率运行时单束棒提升	Ⅲ
6	不在役环路启动	Ⅱ	18	主蒸汽管断裂	Ⅳ
7	甩负荷，汽轮机脱扣	Ⅱ	19	主泵转子卡死	Ⅳ
8	主给水泵失效	Ⅱ	20	弹棒	Ⅳ
9	给水故障	Ⅱ	21	反应堆冷却剂丧失	Ⅳ
10	断电	Ⅱ	22	蒸汽发生器管破裂	Ⅳ
11	额外负荷增加	Ⅱ	23	给水管破裂	Ⅳ
12	反应堆冷却剂瞬态降压	Ⅱ			

7.3　通用关键安全参数及检验

通用关键安全参数是指对许多瞬态和事故发生影响的堆芯参数。在 FSAR 中对各种事故分析时都会用到这些参数，并且 FSAR 也给出了这些参数在各种事故中的限值。在 FSAR 事故分析中，同一安全参数对不同事故发展后果的影响是不同的，因此，对于不同的事故，同一安全参数限制的方向可能不同，某些事故要求保守地使其最大数值不超限，而另一些事故则要求最小值不超限。因而对某些关键安全参数要求同时给出其上、下界以适应不同事故的分析。

FSAR 事故分析中对于通用关键安全参数限值的界定充分考虑了其包络性，考虑了寿期内预测的堆芯布置方案下循环寿期各燃耗步（寿期初、寿期中、寿期末等）以及各种正常运行工况，包括满功率、低功率、控制棒插入和抽出等，这样界定出来的安全参数限值具有充分的包络性。进行换料安全分析时，对于某事故，应选取对该事故产生最不利影响的工况条件的组合来进行安全参数的计算。例如，为了覆盖整个堆芯循环寿期和各种工况的情况，有时将 BOL 和 EOL 两种互不相同工况的动力学参数用于一种事故分析的计算中，例如在提棒事故时，保守地同时采用 EOL 的最小多普勒功率系数和 BOL 的最小慢化剂温度系数（绝对值）来进行分析。

对于一个给定事故，关键安全参数的定义、选择及其限值的确定以及它们的完整性等对安全边界分析方法的可靠性具有重要意义。如果要使 FSAR 的事故分析结论适用于换料堆芯，则必须确认换料堆芯的这些通用关键安全参数没有超出 FSAR 中假定的限值边界。表 7-2 给出了压水堆核电站换料堆芯安全分析主要的通用关键安全参数。

表 7-2　主要的通用关键安全参数

慢化剂密度系数	最小值
	最大值
多普勒温度系数	最小值（绝对值）
	最大值（绝对值）
多普勒功率系数	最大值（绝对值）
	最小值（绝对值）
有效缓发中子份额	最大值
	最小值
最大微分棒价值	寿期初（BOL）
	寿期末（EOL）
最大瞬发中子寿命	
沿轴向归一化的最小停堆反应性引入	

7.4　堆芯功率能力验证

堆芯功率能力验证是压水堆核电站堆芯换料安全分析的重要内容之一，主要内容包括：Ⅰ类工况 LOCA 限值（线功率密度）验证和参考功率分布（DNBR 裕量）验证；Ⅱ类工况超功率保护（线功率密度）和超温保护（DNBR 裕量）验证。

堆芯功率能力验证需进行堆芯功率模拟，主要内容包括模拟反应堆在Ⅰ类、Ⅱ类工况下堆芯可能出现的功率分布，并对堆芯的功率分布进行分析。功率模拟则采用上一章介绍的综合法。

1. Ⅰ类工况 LOCA 限值验证

该验证的主要目的是确认换料堆芯Ⅰ类工况下轴向线功率密度最大值能够被 FSAR 中用于 LOCA 分析的线功率限值所包络。需模拟换料堆芯Ⅰ类工况下的各种可能的运行模式，包括负荷跟踪、基负荷、升降功率等，计算得到线功率密度的轴向包络值，和 FSAR 限值进行比较，如图 7-1 所示。

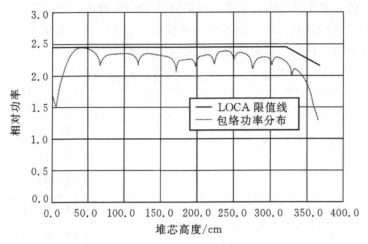

图 7 - 1 Ⅰ类工况 LOCA 限值线功率密度验证

2. Ⅰ类工况参考轴向功率分布验证

该验证的目的是确认换料堆芯Ⅰ类工况各种运行工况下计算得到的 DNBR 值,需要计算Ⅰ类工况所有瞬态下的 DNBR,并与 FSAR 中参考功率分布(例如:轴向功率偏移 $AO=9\%$,轴向最大相对功率 $F_z=1.30$)下计算得到的 DNBR 参考值作比较,得出 DNBR 裕量的蝇迹图。如图 7 - 2 所示。

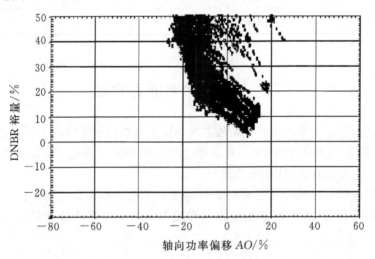

图 7 - 2 Ⅰ类工况 DNBR 裕量验证

3. Ⅱ类工况超功率保护验证

该验证是要确认换料堆芯在Ⅱ类工况下,燃料熔化的线功率保护(T_{OP} 保护)定值不会超过超功率保护限值,确认堆芯保护函数对换料堆芯的适用性。换料堆芯超功率保护验证实际计算过程是以各种Ⅰ类工况为初始工况,模拟不可控硼稀释、控制棒不可控提出等导致功率上升、功率分布变化的Ⅱ类工况,计算达到超功率保护图的边界时的线功率,最后得到线功率的轴向包络值,和超功率保护线功率限值比较,确认能够为限值所包络,如图 7 - 3 所示。

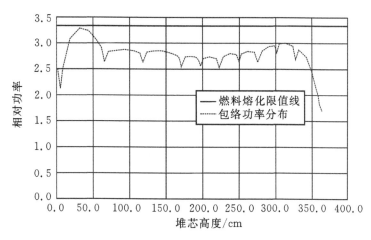

图 7 - 3　Ⅱ类工况燃料熔化线功率密度验证

4. Ⅱ类工况超温保护验证

该验证是对Ⅱ类工况下堆芯 DNBR 裕量的保护（T_{OT} 保护）定值进行验证，确认堆芯保护函数对换料堆芯的适用性。实际的计算过程是以各种Ⅰ类工况为初始工况，模拟不可控硼稀释、控制棒不可控提出等导致功率上升、功率分布变化的Ⅱ类工况，直到达到超温保护线，计算当时的最小 DNBR，并与 DNBR 设计限值比较，得到 DNBR 裕量，形成 DNBR 裕量蝇迹图，以此确认 DNBR 裕量大于零，如图 7 - 4 所示。

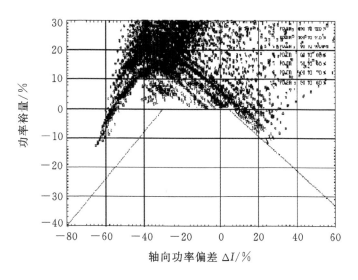

图 7 - 4　Ⅱ类工况功率裕量验证

如果对Ⅰ类工况和Ⅱ类工况的线功率密度和 DNBR 裕量验证结果分析得到的包络值都保守地处于限制值内，则说明换料堆芯在Ⅰ类、Ⅱ类工况运行时的安全性可以得到保证；如处于限制值外，则必须对超出的运行点进行再评价或再分析，必要时应修改运行技术规格书对运行加以限制，以保证反应堆的运行安全。

7.5 特定事故关键安全参数及检验

在 FSAR 中一部分事故的后果不但与通用关键安全参数有关,而且与堆芯的具体布置特性有着密切的关系,对于这类事故,在换料堆芯评价时还需要检验相关的特定事故关键安全参数。特定事故主要为反应性事故,对于不同的反应堆,特定事故及其关键安全参数的确定因电厂和所采用的安全分析方法不同而异,对一般的压水堆核电厂而言,具有一定代表性与普遍参考意义的特定事故主要包括:不可控硼稀释事故、提棒事故、落棒事故、弹棒事故和主蒸汽管道断裂事故。

7.5.1 不可控硼稀释事故

该事故主要是由于操纵员误操作或化学容积控制系统(Chemical and Volume System,CVS)失灵等原因引起堆内冷却剂中的硼酸被不可控地稀释,导致堆芯反应性上升。对该事故分析的目的是保证在反应堆丧失所有停堆裕量重返临界之前操纵员有足够的时间去判断并采取措施终止硼稀释。

为覆盖核电厂的所有工况,应对下列工况下的硼稀释进行分析:①换料和蒸汽发生器检修;②停堆,包括冷停堆和热停堆;③额定功率运行。

根据硼稀释过程的特点,在给定的稀释流量和反应堆回路水容积条件下,初始硼浓度越高,硼微分价值(绝对值)越大,将产生更大的正反应性引入速率,重返临界的时间越短;在给定初始硼浓度下,停堆裕量越小,重返临界的时间越短,则操纵员可用于采取措施终止稀释的时间就越短。表 7-3 给出了某参考电站硼稀释事故所需要检验的特定关键安全参数及其限制值。若在所要求停堆裕量下,所列关键安全参数不超限,则认为在 FSAR 中给出的操作时间不会缩短,因而换料堆芯对硼稀释事故的安全性没有影响。

表 7-3 硼稀释事故所需要检验的特定关键安全参数

工况		数 值	
换料停堆和蒸汽发生器检修时硼稀释	BOL、冷态、零 Xe、ARI 和 2100ppm 堆芯最大 k_{eff}	0.926	
	硼微分价值(最大绝对值)/(pcm/ppm)	−13.57	
功率运行时硼稀释	初始硼浓度/(ppm)	自动控制 1720	手动控制 1732
	硼微分价值(最大绝对值)/(pcm/ppm)	−9.61	
热停堆时硼稀释	初始硼浓度/(ppm)	1706	
	反应堆停堆时(35%FP)次临界度/(pcm)	2398	
	硼微分价值(最大绝对值)/(pcm/ppm)	−10.30	
冷停堆时硼稀释	初始硼浓度/(ppm)	1813	
	反应堆停堆时(10%FP)次临界度/(pcm)	1843	
	硼微分价值(最大绝对值)/(pcm/ppm)	−13.85	
中间停堆时硼稀释	等温温度系数(pcm/℃)	−27.12	

注:1pcm=1×10^{-5}。

7.5.2　落棒事故

落棒事故是指由于电气或机械故障导致同一个控制棒组中几个或全部控制棒落入堆芯而引起的瞬态事故。在事故发生时由于控制棒掉入堆芯，堆芯中引入了负反应性，如果堆芯功率下降导致的中子通量密度快速变化触发停堆，则反应堆趋于安全；如果中子通量密度的变化不足以引起反应堆停堆，那么在没有堆芯保护动作时堆芯的瞬态过程是：堆芯功率降低，反应堆冷却剂和二次侧之间的不平衡将使堆芯进口温度降低，反馈效应将使功率增加，直到达到新的平衡为止。落棒引起的径向功率畸变加上局部功率增大，在某些情况下可能发生 DNB。因此，落棒事故分析分为以下两个阶段。

第一，筛选出不能触发紧急停堆的所有可能的落棒组合。事故发生时，中子通量密度变化速率由堆外探测器测量，落棒时负反应性的引入使堆芯功率下降，探测器信号的变化率与落棒的位置、引入的负反应性和落棒后堆芯功率的再分布有关。堆外探测器测得的功率变化可以用各象限的功率分布系数或径向功率倾斜 TITL（P_d（落棒后）/P_d（落棒前））表示，其中 P_d 为象限平均功率。当 TITL 超过设定值时导致停堆，否则不停堆。图 7 - 5 给出了某参考电站落棒探测曲线。

第二，对所有不能触发停堆的落棒组合引起的堆芯热工水力瞬态进行模拟，计算最恶劣工况下的最小 DNBR。落棒后径向功率峰因子的扰动可用核焓升因子的相对增加量（$\Delta F_{\Delta H}/F_{\Delta H0}$）表示，$F_{\Delta H0}$ 为落棒前的核焓升因子，$\Delta F_{\Delta H}$ 为落棒后 $F_{\Delta H}$ 的扰动量。在 FSAR 中对可能出现的落棒组合工况都进行了瞬态分析，可以得到导致反应堆紧急停堆的落棒组合引入的反应性 $\Delta\rho$，并建立径向功率分布扰动与落棒反应性的包络关系：

$$\Delta F_{\Delta H}/F_{\Delta H0} = f(\Delta\rho) \tag{7-1}$$

例如，对某参考电站 FSAR 给出如下包络边界：

$$\Delta F_{\Delta H}/F_{\Delta H0} = 5.22\text{E}-4\Delta\rho + 0.0278 \tag{7-2}$$

若事故导致的核焓升因子的增加量在包络边界以内，即使不能触发停堆，DNBR 仍能满足 FSAR 中准则要求。图 7 - 6 给出了某参考电站 $\Delta F_{\Delta H}/F_{\Delta H0}$ 随落棒反应性变化的限制曲线。

在分析落棒事故是否可以被探测时，保守地考虑最大反馈；而在进行瞬态分析时取最小慢化剂密度系数和多普勒功率系数（绝对值），事故分析所采用的功率分布，分别对应于 BOL 和 EOL 不同落棒工况下的扰动功率分布。在落棒事故评价中除了检验通用关键安全参数外，还必须检验下列关键安全参数：径向功率分布扰动与落棒反应性的包络关系式；BOL 和 EOL 最大不可探测落棒价值。

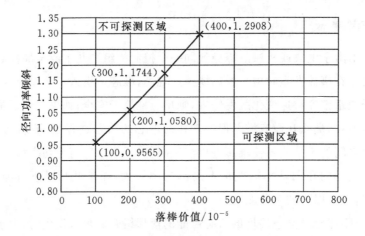

图 7-5　落棒探测曲线

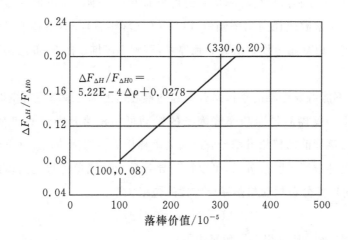

图 7-6　$\Delta F_{\Delta H}/F_{\Delta H0}$ 随落棒反应性的变化

7.5.3　控制棒(组)失控提出事故

提棒事故是指在次临界状态和功率运行状态下一束或几束控制棒失控抽出的事故。它将导致不可控地引入反应性,堆芯功率畸变,可能引起堆芯提棒区或邻近区出现 DNB。

1. 次临界提棒事故

次临界提棒事故发生时,反应性快速引入,堆芯功率很快上升,事故后果考虑的限制准则为:最小 DNBR 必须始终大于规定值;燃料芯块中心最高温度必须始终低于燃料熔化温度。对该事故进行安全评价分析时保守地假设两组具有最大反应性价值的控制棒同时以最大速率提出堆芯,以使得引入的反应性最大,考虑最小多普勒和慢化剂温度反馈,缓发中子份额和瞬发中子寿命均采用最小值,功率分布及总的功率峰因子采用整个瞬态中的最大值,这些假设使瞬态产生的核功率和热流密度峰值最大。因此,对此事故的安全评价,需要验证的特定关键安全参数为:两组具有最大反应性价值的控制棒同时以最大速率提出的最大反应性引入速率;最大 $F_{\Delta H}$、F_Q 值。

2. 功率运行提棒事故

功率运行工况下发生提棒事故,首先导致控制棒抽出位置的燃料组件产生局部功率峰值,该局部功率峰值可能导致 DNB 发生。在 FSAR 中已对整个寿期内不同功率水平各种可能的反应性引入事故进行了大范围的分析。功率运行提棒事故分析时,假设反应堆在额定功率下运行,主调节棒组中一束最大价值棒在插入限以最大速率抽出,对于反应性反馈考虑最小和最大反馈情况,采用最小的停堆裕量以及事故工况下最不利的功率分布进行分析。分析表明对该事故评价的关键安全参数,大部分都已包含在通用关键安全参数中,该事故只有一个特定关键安全参数,即事故工况下最大核焓升因子 $F_{\Delta H}$ 应小于 FSAR 规定值。

7.5.4　弹棒事故

这类事故的定义是控制棒机构耐压壳的机械损坏,导致棒束控制组件和驱动轴弹出。事故导致堆芯反应性快速引入,堆芯功率分布快速畸变,由于该事故属于Ⅳ类事故,因此可以允许少量燃料损坏。该事故验证分析的内容包括核功率瞬态过程、热点包壳温度、燃料芯块温度等。在最终安全分析报告中,对堆芯不同燃耗、不同功率水平和不同弹棒价值等工况已进行了弹棒事故分析,并得出安全的结论。在 FSAR 的弹棒事故分析中所做的与堆芯有关的假设是:①考虑最小多普勒反馈和最小缓发中子份额,以使核功率峰值为最大;②考虑最大弹棒价值和热点因子,以产生最坏的功率峰和热点的燃料温度;③假设最小的停堆反应性。

这些假设涉及到的安全参数应包含:最大弹棒价值、热通道因子、多普勒系数、缓发中子份额、慢化剂温度系数和停堆裕量等。后面的四个参数已包含在通用关键安全参数中,因而弹棒事故的特定关键安全参数是:最大弹棒反应性、弹棒前 F_Q(对零功率弹棒不需验证)、弹棒后 F_Q、弹棒后 $F_{\Delta H}$。

7.5.5　主蒸汽管道断裂事故

主蒸汽管道断裂事故最保守的假设是导致最快冷却降温的蒸汽管道双端剪切断裂,该事故属Ⅳ类事故。事故的过程大体可以分为下面两个阶段。

第一阶段,蒸汽管道刚破裂,二回路蒸汽从破口大量流失,蒸汽流量迅猛增加,造成反应堆功率快速上升,以补偿二回路负荷的这种虚假增长。同时,由于一回路冷却剂平均温度降低,稳压器内压力和水位也相应下降。以上过程将导致反应堆因超功率保护或稳压器低压保护而紧急停堆。

第二阶段,停堆后,在主蒸汽管道隔离之前,蒸汽继续从破口流失,一回路冷却剂平均温度不断下降。由于压水堆具有负温度效应,冷却剂温度下降将持续引入正反应性,停堆裕量逐渐消失,如果此时价值最大的一组控制棒卡在堆顶,则反应堆有可能在停堆之后重返临界,并达到一定的功率。堆内通量还会出现严重的畸变,导致局部功率峰,甚至可能导致燃料棒包壳因过热而烧毁。反应堆临界后将通过安全注射系统注射硼酸使堆芯最终停堆。

在事故分析过程中,反应堆内压力、慢化剂的温度逐渐下降,同时由于正反应性不断引入,停堆裕量逐渐消失,堆芯重返临界,随着安全注射系统不断注入浓硼酸,堆芯功率在达到一定峰值后又下降,直到重返次临界。在此过程中,DNBR 经历了逐渐变小,达到最低点后又逐渐变大。DNBR 降到最低点的状态称为"状态点"。该状态点用反应堆功率水平、入口温度、冷却剂压力、冷却剂流量和堆芯硼浓度等表示,在 FSAR 中给出了该状态点的状态值。

事故分析时保守的假设事故发生在寿期末,因为此时慢化剂温度系数负值很大,因此事故发生将导致最大的正反应性引入。在分析中所做的与堆芯有关假设如下。

(1)最小停堆裕量,它对应寿期末、热态零功率、平衡氙、控制棒全插(最大价值的一束控制棒卡在堆外)时的停堆裕量,停堆裕量越小,事故重返临界越快,达到的功率峰值越高。

(2)最大(绝对值)慢化剂密度系数,该值越大,事故引入的正反应性越大,事故重返临界越快,达到的功率峰值越高。

(3)如果堆芯重返临界,采用最小(绝对值)多普勒功率系数,该值越小,堆芯重返临界达到的功率峰值越高。

如果上述关键安全参数都在 FSAR 的限值内,则认为 FSAR 的"状态点"是适用的。由于状态点下的径向和轴向功率分布与换料堆芯有着密切联系,因此还需要在该状态点下,考虑一束具有最大价值的控制棒卡在堆芯外时堆芯径向和轴向的功率分布,进行 DNB 分析,检验 DNBR 准则。

图 7-7 和图 7-8 分别给出了某参考电站主蒸汽管道断裂事故所需要验证的慢化剂密度系数、多普勒功率亏损等关键安全参数限制值。

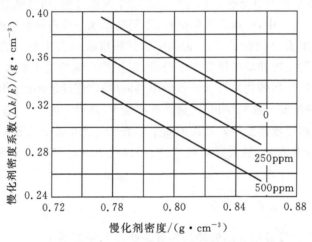

图 7-7　慢化剂密度系数

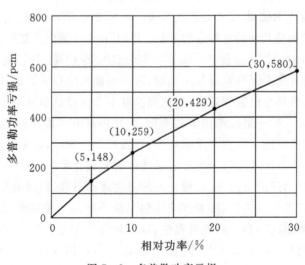

图 7-8　多普勒功率亏损

7.6　关键安全参数一览表

对 FSAR 中所分析考虑的 Ⅱ 类、Ⅲ 类、Ⅳ 类事故,在换料安全评价中都要加以检验。核电厂反应堆事故工况下的关键安全参数如表 7-4～表 7-6 所示,这些参数在安全评价时都必须进行安全检验。

表 7-4　Ⅱ 类事故关键安全参数一览表

关键安全参数	次临界或启动时 RCCA 棒组提出	功率运行时 单棒提出	落棒	硼稀释	部分失流
功率分布	s	r	s	r	r
最小慢化剂系数（绝对值）	*	*	*	*	*
最大慢化剂系数（绝对值）		*			
最小多普勒功率系数（绝对值）	*	*	*	*	*
最大多普勒功率系数（绝对值）		*			
最小多普勒温度系数（绝对值）	*	*		*	*
最大多普勒温度系数（绝对值）		*	*		
最小缓发中子份额（β）					
最大缓发中子份额（β）	*		*		
最大瞬发中子寿命	*				
最大反应性引入	*	*			
最大 RCCA 价值					
最大硼浓度				*	
最大/最小硼微分价值（绝对值）				M	
最大衰变热					
最大燃料温度					
停堆裕量					

注:(1) * :关键安全参数。

(2)M:最大值。

(3)s:特定功率分布。

(4)r:参考功率分布。

表 7 - 5　Ⅱ类事故关键安全参数一览表(续)

关键安全参数	外负荷丧失，透平跳闸	给水流量丧失	给水系统失灵	全厂断电	负荷过载	主蒸汽系统卸压
功率分布	r		r	r	r	s
最小慢化剂系数（绝对值）	*				*	*
最大慢化剂系数（绝对值）	*		*		*	*
最小多普勒功率系数（绝对值）			*	*	*	*
最大多普勒功率系数（绝对值）	*					
最小多普勒温度系数（绝对值）			*	*	*	
最大多普勒温度系数（绝对值）						*
最小缓发中子份额（β）						
最大缓发中子份额（β）						
最大瞬发中子寿命						
最大反应性引入						
最大 RCCA 价值						
最大硼浓度						
最大/最小硼微分价值（绝对值）						m
最大衰变热		*		*		
最大燃料温度						
停堆裕量						*

注：(1) * ：关键安全参数。

(2)m：最小值。

(3)s：特定功率分布。

(4)r：参考功率分布。

表 7 - 6　Ⅲ、Ⅳ类事故关键安全参数一览表

关键安全参数	稳压器释放阀意外开启	完全失流	功率运行时单棒提出	主蒸汽管道断裂	主泵卡轴	弹棒	失水	蒸汽发生器传热管断裂	给水系统管道断裂
功率分布	r	r	s	s	r	s	r	r	r
最小慢化剂系数（绝对值）	*	*	*		*	*			
最大慢化剂系数（绝对值）				*					

续表 7 - 6

关键安全参数	稳压器释放阀意外开启	完全失流	功率运行时单棒提出	主蒸汽管道断裂	主泵卡轴	弹棒	失水	蒸汽发生器传热管断裂	给水系统管道断裂
最小多普勒功率系数(绝对值)			*	*	*	*			
最大多普勒功率系数(绝对值)	*	*							
最小多普勒温度系数(绝对值)		*	*		*	*			
最大多普勒温度系数(绝对值)				*					
最小缓发中子份额(β)							*		
最大缓发中子份额(β)									
最大瞬发中子寿命									
最大反应性引入							*		
最大 RCCA 价值							*		
最大硼浓度									
最大/最小硼微分价值(绝对值)				m					
最大衰变热								*	*
最大燃料温度			*		*	*	*		
停堆裕量				*					

注:(1) * :关键安全参数。

(2)m:最小值。

(3)s:特定功率分布。

(4)r:参考功率分布。

参考文献

[1]　肖岷.压水堆核电站燃料管理、燃料制作与燃料运行[M].北京:原子能出版社,2009.

[2]　谢仲生.压水堆核电厂堆芯燃料管理计算及优化[M].北京:原子能出版社,2001.

[3]　朱继洲,单建强,张斌.压水堆核电厂的运行[M].北京:原子能出版社,2008.

[4]　咸春宇.大亚湾核电站换料堆芯关键安全参数检验[J].核动力工程,1997,18(3):200 - 204.

[5]　章宗耀,咸春宇,张虹,等.核电厂反应堆换料安全评价原理与应用[J].核动力工程,
　　　1997,18(6):481 - 488.

[6]　咸春宇,刘昌文,张洪,等.压水堆核电厂堆芯功率能力验证分析[J].核动力工程,2002,
　　　23(5):26 - 28,43.

第 8 章

反应堆启动与物理试验

8.1 引言

核电站反应堆启动和物理试验是核电站调试和启动阶段的一个重要环节,是燃料组件装入堆芯后最关键的一个步骤。它包括反应堆的首次临界、堆芯零功率性能试验和提升功率阶段中的物理试验。启动物理试验是为了检验堆芯装载和堆芯核设计的正确性,验证堆芯的物理性能,确认安全分析中所作假设的保守性,同时也为反应堆的安全运行提供必要的条件。

8.1.1 试验目的和项目

核电站反应堆启动和物理试验是一项大型的、综合性的调试试验。启动和物理试验主要是围绕堆芯反应性变化进行的,因此特别引起人们的关注和重视。反应堆启动和物理试验的目的是使反应堆堆芯安全、顺利地首次达到临界状态,并在零功率状态以及逐步提升功率过程中的各个功率台阶,测量和验证堆芯的有关物理参数是否符合堆芯设计要求,满足相关的安全准则。

零功率物理试验的目的是验证堆芯装载与设计预计值的一致性,为实施提升功率试验创造必备的条件。在试验中,需要测量与堆芯安全运行相关的物理参数,包括在各种控制棒状态下的临界硼浓度、等温温度系数、各控制棒组的积分和微分价值、硼微分价值、各种控制棒状态下的堆芯功率分布等。

提升功率阶段物理试验的目的是验证堆芯在不同功率台阶上是否满足堆芯设计和安全分析的要求,以及相关的设计准则和安全准则。在试验中,需要测量在不同功率台阶的堆芯功率分布、热平衡和冷却剂流量等稳态性能参数、不同功率台阶上的功率系数和功率亏损、反应性系数等;还要对用于监测反应堆运行的核测仪表的参数进行测量和刻度,以便对反应堆的运行状态提供正确的、有效的监测,并使控制保护系统提供正确的核测信号。

通过在不同台阶上物理试验的验证,逐步将反应堆功率提升至额定满功率状态下稳定运行,从而确保核电站的运行满足设计和安全方面的要求。同时,在整个堆芯物理启动试验过程中,有关的系统和仪器仪表将经受考验,有关的运行和试验规程也将得到检验。

反应堆启动和物理试验的主要项目如表 8-1 所示。

表 8 - 1　反应堆启动和物理试验项目

试　验　项　目		反应堆功率台阶/(%FP)
堆芯首次临界试验	堆芯初始临界	0
	源量程和中间量程通道、中间量程和功率量程通道的线性和重叠性的测量	
	多普勒发热点和零功率物理试验功率水平的确定	
	反应性仪的校正试验	
零功率堆芯性能物理试验	临界硼浓度测量试验	0
	慢化剂温度系数测量试验	
	功率分布测量试验(功率<2%FP)	
	调硼法测量控制棒价值和硼价值试验	
	$(N-1)$棒束插入状态下(即最小停堆深度)的临界硼浓度测量试验	
	重叠棒组价值及硼价值测量试验	
	重叠棒组在零功率插入限值上的临界硼浓度	
	最大效率的一束控制棒"弹棒"试验	
提升功率阶段物理试验	功率分布测量试验	10、30、50、75、100
	热平衡测量试验	
	功率系数测量	30、50、75、100
	根据热平衡计算反应堆冷却剂流量	
	堆内外核测仪表互校试验	50、75
	落棒试验	50
	模拟落棒试验	
	模拟弹棒试验	
	氙振荡试验	75
	反应性系数测定	50、100
	蒸汽发生器设计裕量试验	100
	满功率堆芯稳态性能试验	

8.1.2　试验规程

明确了上述试验项目后,需要编制相应的试验规程。试验规程分为以下四类。

(1)试验大纲与规范类规程。这类规程主要包括物理试验大纲、试验规范和试验的质量安全计划等。

(2)试验原理性规程。这类规程主要描述了各个试验的原理,给出了每个试验测量数据的处理原理和方法。对于每个物理试验工作人员,通过学习这些规程,不仅能够掌握每个试验的基本原理和概念,而且还规范了每个试验测量数据的处理方法。

(3)试验实施细则。这类规程主要给出了每个试验实施的步骤,试验过程中需要记录的堆芯状态参数,以及试验数据处理的计算表格等内容。这部分规程是实际实施试验的工作文件。

(4)试验仪器操作规程。这部分规程主要包括一些试验仪器、设备使用与操作,试验仪器与信号的连接,以及与试验相关的计算机软件的使用和操作规程。这些规程都是安全、高效地完成物理试验的保障。

常用的启动和物理试验规程清单列于表 8-2 中。

表 8-2 启动和物理试验规程清单

	试验大纲和规范
1	物理试验技术规范
2	首次堆芯物理启动试验实施大纲
3	物理启动试验的质量和安全计划

	试验原理
1	堆芯首次装料物理试验原理
2	首次堆芯临界物理试验原理
3	反应性仪校刻试验原理
4	临界硼浓度测量原理
5	等温温度系数测量原理
6	调硼法测量控制棒价值和硼价值原理
7	棒组积分价值测量导则
8	弹棒试验原理
9	中子通量图测量试验原理
10	热平衡测量试验原理
11	功率系数测量试验原理
12	落棒试验原理
13	一束控制棒抽插(模拟落棒和模拟弹棒)试验原理
14	氙振荡试验原理
15	反应性系数试验原理
16	堆外核功率测量系统校验试验原理
17	100%FP 堆芯稳态性能试验原理
18	中子通量图试验数据处理原理
19	根据热平衡计算反应堆冷却剂流量试验原理
20	蒸汽发生器设计裕量试验原理

试验实施细则	
1	堆芯装料的准备
2	堆芯装料
3	首次临界试验
4	零功率堆芯性能试验
5	落棒试验
6	堆外通量测量电离室刻度
7	不同功率下功率分布测量
8	模拟落棒试验
9	反应性系数测量
10	根据热平衡计算反应堆冷却剂流量
11	蒸汽发生器设计裕量试验
12	热平衡测量实施细则
13	功率系数测量实施细则
14	模拟弹棒试验细则
15	氙振荡试验细则
16	满功率堆芯稳态性能试验实施细则
试验仪器操作规程	
1	堆芯物理启动试验仪器的调试和信号连接
2	反应性仪操作
3	中子通量测量系统的操作
4	堆芯测量系统数据处理操作
5	功率分布监测的操作
8	临时中子计数装置操作

8.1.3　安全与预防措施

1. 零功率堆芯性能试验

在零功率堆芯物理试验过程中,最有可能发生的事故是反应性事故。如果在试验过程中引入正反应性,会导致热通道热流密度的增加,从而使燃料棒和冷却剂的温度上升,发生偏离泡核沸腾(DNB),有可能使堆芯的燃料组件造成严重的损坏。所以,在堆芯物理启动试验过程中必须把反应堆堆芯的安全问题放在头等重要的地位。

在堆芯物理启动试验期间,尤其是在堆芯首次达临界以及零功率堆芯性能试验阶段中,由于控制棒位置和硼浓度的频繁变化,使堆芯的反应性变化十分频繁。在这个过程中,有可能会由于机械故障(如控制棒驱动机构或它们的承压包壳、反应堆硼和水补给系统、化学和容积控制系统等的问题)、电气故障(如控制棒状态、其他操作和调节系统等)或人为操作的原因(如违反试验规程、试验和操作人员的错误判断和干预等),引进一个过大的正反应性,使反应堆出现异常的、不希望发生的超临界状态,甚至危及堆芯。例如硼浓度的意外失控稀释(可能是由化学和容积控制系统或者反应堆硼和水补给系统的机械故障或者人为误操作因素引起的)、控制棒组的连续或者失控提升、对所引进的反应性的错误判断(正、负反应性效应的方向性的判断错误,另外就是对引进的反应性大小的判断错误)。

一般来说,只要控制保护系统、棒控系统运行正常,就可以采用紧急停堆的办法来中止反应性事故的继续发展。在某些试验中,如果没有足够的停堆裕量,则需紧急启用安全注射系统。

为了保证试验的安全,在试验过程中必须严格遵守技术规格书、物理试验技术规范的规定和试验规程的步骤,密切注意观察和分析试验过程中出现的各种物理现象。一旦出现异常情况或者有任何一个安全准则得不到满足时,应立即中止试验的进程。所有待查明的异常情况必须经过认真分析并寻找到解决方案或合理解释后,在不影响反应堆堆芯安全的前提下,再决定该试验是否需要重新或者继续进行。

具体的预防措施如下。

(1)零功率物理试验期间,有关反应性增加的任何运行操作过程中,反应性增加的倍增周期不得短于 30 s。

(2)在一定的硼浓度或温度条件下,反应堆可在慢化剂温度系数稍许为正的情况下达到临界。但在试验结束后,应立即恢复慢化剂温度系数为负的正常运行条件。

(3)试验过程中,应严禁一切引起冷却剂平均温度及硼浓度发生急剧变化的操作。

(4)在试验过程中,如果发生由于其他原因导致正反应性的急剧引入时,应立即紧急停堆。如果控制棒组不能自动落入堆芯,则必须手动启动安全注射系统。

(5)在堆芯首次逼近临界或者反应性变化时,禁止同时用两种或两种以上的方式改变反应性即向堆芯引进正反应性。

(6)控制棒组(束)要间断提升,并且要限制每次提升所引进的反应性大小,即限制提棒速率。

(7)安全注射系统必须处于可运行状态。

(8)为了保证物理试验的顺利进行,试验前所有物理试验人员必须经过安全教育、专业知识及技能的培训,进行试验规程的学习和模拟操作,了解并清楚物理试验的原理和试验过程。

2. 提升功率物理试验

在提升功率物理试验过程中,在各功率台阶上进行的物理试验应注意控制反应堆的运行状态点,避免超出运行梯形图。因为在对功率量程测量通道进行刻度时,需要通过调整控制棒,人为地造成氙振荡,在氙振荡过程中进行试验相关的测量。

另外,在反应堆功率运行调试期间,由于需要进行相关系统、设备的调试和试验,有可能出现意外情况而导致停堆,因此,在使反应堆重返临界状态(恢复临界试验)过程中,必须考虑到多种反应性的综合效应,特别是氙毒反应性效应的作用,需要对这些反应性的综合效应进行准确地估算(尤其是反应堆功率变化史的计算),这样可以避免在恢复临界试验中出现意外临界事故。

具体的预防措施如下。

(1)在功率提升过程中,严格遵守运行技术规范对功率提升的限制要求,即限制功率提棒速率。

(2)在试验过程中,要及时调整和设置适当的保护定值,做到步步设防,确保堆芯的安全。

(3)在多种反应性效应起作用的恢复临界试验中,必须准确地进行反应堆功率史的统计以及毒物效应的计算,同时还应充分利用已获得的试验数据,来精确的估算临界点。在恢复临界的过程中,尤其在逼近临界点时应谨慎操作。

(4)安全注射系统必须处于可运行状态。

8.2　反应堆首次装料

核电站反应堆首次堆芯装料是指将核燃料组件第一次装入反应堆。这是核电站由建造、调试阶段转入投产、运行阶段前的一个重要而关键的步骤。核电站在堆芯装料前,主系统和辅助系统的冷态和热态总体试验已经完成,与反应堆首次堆芯装料相关的系统和设备(如堆芯、反应堆一回路、余热排出系统、化学容积控制系统、硼和给水系统、堆外核测仪表系统和电站中央计算机系统等)都处于可用状态,燃料组件已安全进入燃料厂房,首次堆芯装料的一切准备工作和条件都已具备。

在首次堆芯装料物理试验前,需要确认堆芯装载方案和装料顺序,并制订临界安全监督措施和操作规程、安装和调试试验仪器设备、落实试验的组织机构;在堆芯装料物理试验过程中,要严格执行操作规程,使源量程测量通道的中子计数率符合验收准则,使堆芯装载符合设计要求,确保反应堆临界安全。

8.2.1　首次装料前的准备

(1)临时中子计数装置。堆芯装料期间,为了确保反应堆始终处于次临界状态,必须进行临界安全监督。监督手段除了堆外源量程中子计数系统(一般为 2 套)以外,还需要在堆内增设若干套临时的中子计数装置,防止在堆芯装料过程中由于堆芯布置发生变化而出现的意外临界。在整个首次堆芯装料过程中,为了有效地进行堆芯装料过程的核临界安全监测,适当、合理地安排这些临时中子计数装置在堆内的移动,可以保证在整个装料过程中都有合适的核监测。

常用的临时中子计数装置为 ^{3}He 计数管。中子与原子核发生反应后,放出带电粒子,同时放出足够大的能量,这样会在中子计数装置中产生电脉冲,记录电脉冲讯号,就能判断堆芯是否处于次临界状态。^{3}He 与中子产生的核反应为

$$^3\text{He} + {}^1_0\text{n} \rightarrow {}^3\text{H} + \text{p} + 0.765 \text{ MeV}$$

核反应的表达形式为 ^{3}He(n,p)T。^{3}He 反应截面相当大,其热中子吸收截面为 5400 b。由于它的反应产物无激发态,常被用于电子能谱分析。

为了满足临时中子计数装置的移动,还需根据燃料组件的外形结构尺寸设计专用的临时中子计数装置的支架。

临时中子计数装置在出厂前,必须进行出厂验收试验。在堆芯装料实施前,必须对临时中子计数装置进行现场实验室调试,满足要求后,才能进入反应堆厂房的装料现场进行安装、调试和投入使用。

（2）音响报警装置。堆外核测系统的源量程测量通道的调试工作必须在堆芯装料前完成。其中的一个测量通道分别与反应堆厂房和主控制室内的音响装置相连。音响报警装置也是中子计数变化监测的一种手段，当中子计数增加或者变化剧烈时，音响装置反映出的信号频率也会随之发生相应的变化，堆芯装料人员根据音响的音频频率的变化，来对堆芯装料过程及堆芯的状态进行有效的监督。当中子计数率超过撤退报警设定值时，就会发出撤退报警，提醒在安全壳内工作的人员撤退。

在临时中子计数装置中也设置了一个音响单元，只具有监督作用，没有报警功能。

（3）硼酸溶液。根据堆芯装料规程的要求，需制备高浓度（如 2100ppm）的硼酸溶液。由于反应堆是首次装料，燃料组件都是新的，同时考虑到燃料输运系统、三废系统的调试情况和承受能力，以及经济地使用硼酸溶液的原因，硼酸溶液充至压力容器主管道的中平面处即可。另外，在燃料组件运输通道充满硼酸溶液，而在乏燃料水池可以不充硼酸溶液。

（4）堆芯水温监督设备。根据技术规范的要求，在整个堆芯装料过程中，除了对增殖中子实施有效的监测外，还需要对反应堆压力容器中的含硼冷却剂的水温度进行监测。在装料期间，一回路冷却剂的温度控制在 $10\sim60\ ^\circ\mathrm{C}$ 范围内。这主要考虑到温度过高会使冷却剂中的水分蒸发形成雾气，影响装卸人员的操作，而温度过低会出现硼结晶现象。通常，可增设一个铂电阻温度计及二次数字式仪表，来对反应堆压力容器内的冷却剂水温实施监督。

（5）硼酸溶液取样设备。为了在堆芯装料过程中，对硼浓度也实施有效的监测，化学分析人员特地设计、制作一个取样设备。该取样设备可同时对压力容器上、中、下不同高度进行硼溶液取样。通过取样分析来监测堆芯装料过程中，堆芯各处的硼浓度是否均匀，以防止意外硼稀释事故的发生。

8.2.2 首次装料的临界安全监督

反应堆首次装料试验是一项众多专业相互配合、技术性强、责任重大的综合性试验，是核电站首次堆芯临界及并网发电前的关键性试验项目之一。

首次堆芯装料试验的主要目的如下。

（1）几种（通常为 3 种）不同 $^{235}\mathrm{U}$ 富集度的燃料组件在堆芯的位置和坐标方位应完全符合核设计报告的要求，确保堆芯装载方案的正确性。

（2）为了保证临界安全，有时在装料过程中设置临时中子计数装置。通过有效地监测这些临时中子计数装置和堆外核仪表探测器的计数响应，确保堆芯在整个装料过程中以及满装载后具备有效的核监测，以防止发生意外的临界安全事故。

（3）通过对反应堆堆芯及其轴向不同高度的硼浓度以及余热排出泵的上、下游硼浓度测量分析值的有效监控，确保堆芯在整个装料过程中有足够的安全裕量。

（4）对堆芯装料过程中反应堆内的冷却剂温度进行实时监测，以防止由于冷却剂温度过低而导致硼结晶，或由于温度过高而产生水的雾化现象。

（5）在整个堆芯装料过程中要注意不发生燃料组件的机械损伤。

在堆芯装料过程中，必须控制反应性的引入，使反应堆始终维持在深度次临界状态下，以确保堆芯装料过程的核安全。

引起堆芯装料过程中反应性变化的因素如下。

（1）堆芯装入燃料组件。堆芯装入燃料组件将向堆芯引入正反应性。如果在堆芯装料的全过程中,始终保持在装料试验要求的条件(如硼浓度)下进行,那么即使将所有燃料组件(包括控制棒组件、可燃毒物组件、阻力塞组件等相关组件)全部装入堆芯,反应堆堆芯也不应达到临界。

(2)冷却剂中硼浓度的变化。由于硼作为中子吸收剂,当冷却剂中的硼浓度增加时,向堆芯引入负反应性,反之则引入正反应性。在堆芯装料过程中,必须防止发生意外硼稀释,以避免使堆芯意外达临界甚至超临界,酿成临界安全事故。

为了确保堆芯装料过程的临界安全,必须有效地监督堆芯装料过程中中子计数率的增长速率。在实施安全监督过程中,应做到以下几方面。

(1)堆芯装料操作必须严格按技术规格书的要求进行。

(2)回路系统必须保持一台余热排出泵连续工作,当接近压力容器出口装载燃料组件时,余热排出泵可暂停运行,以防止燃料组件被水力推开,难以正确就位;为了防止意外的硼稀释,必须将与反应堆相连接的所有除盐水系统严格管理和隔离;对于来自硼和水补给系统的补水,应将硼浓度调至换料冷停堆硼浓度。

(3)堆芯装料期间,如果核仪表出现故障,必须至少有两个中子探测器(两个源量程测量通道和三个临时中子探测器中)能够对中子通量进行连续监测,并且在主控制台上有中子计数率的显示和音响,以及安全壳内可以听到扬声器的计数声;在暂停装料期间,临时中子探测器和源量程测量通道中至少应各有一台处于正常工作状态,此时需要增加硼浓度取样分析的频度。

(4)从第一个燃料组件装堆开始就必须对中子计数率进行有效的监测。每装入一个燃料组件,都要测量中子计数率,以监测堆芯处于次临界的状态。

(5)若装料过程中,一回路冷却剂的硼浓度低于技术规格书的限值要求,或者在燃料组件就位后中子计数率不断增长(意外达临界),则把硼酸箱中的浓硼酸通过应急硼化管线注入一回路冷却剂系统中,直至中子计数率倒数外推为次临界时为止。

(6)在堆芯满装载情况下,两个源量程测量通道的计数率不低于 2 次/秒(counts per second,cps。)

(7)在堆芯装料期间,如果出现意外情况,装料操作必须暂停。在装料暂停期间,仍应按试验规程规定的频度对一回路硼浓度进行连续监测。此外,至少要有两个中子计数装置进行监测。

(8)必须在装料操作暂停原因得以纠正或弄清之后,并且在不危及装料安全的情况下,才可重新恢复装料操作。不可尝试可能引起堆芯反应性增加的任何操作。在恢复装料时,如果装料操作暂停超过 4 个小时,必须按试验规程的规定对每个中子计数装置重新建立基准计数。

8.2.3　核燃料的装堆

常见的堆芯首次装料是按"桥式平板装料"方式实施的。

燃料组件装入堆芯的原则如下。

(1)装堆的燃料组件至少有一个侧面具有固定支撑面,以免在燃料组件装载过程中发生倾倒。绝不允许燃料组件孤立地放置在堆芯任何位置。

(2)装堆的燃料组件在运输过程中尽量避免或者减少从已装堆的燃料组件上方经过,以降低燃料组件意外跌落时对其他燃料组件生成损坏的风险。

(3)对中子监测设备的响应要均匀,避免由于燃料组件装载过于集中在某一区域而导致出现监测系统保护响应的报警。

（4）燃料组件装料顺序、装堆方向、方位和坐标应便于燃料操作者的记忆和识别。

（5）燃料组件装载方案要把可能发生机械损伤的风险降到最低。燃料组件装载过程中，应使反应堆压力容器尽可能均匀地受力。

在整个堆芯装料过程中，需要对每一个燃料组件的操作步骤进行临界安全监督，确保堆芯装料操作时反应堆始终处于次临界状态。

8.2.4　后续堆芯的装料

上述内容介绍了反应堆首次装料的临界安全监督和装料原则。对于后续堆芯的燃料组件装料即换料操作，一般有以下两种形式。

（1）将整个堆芯内的燃料组件卸出，运送到乏燃料水池。然后，根据堆芯装载设计将继续使用的旧燃料组件和新燃料组件按规定顺序和原则（与首次装料类似）依次装入堆芯，不再继续使用的旧燃料组件留在乏燃料水池。大多数核电站都是这样进行换料操作的。

（2）将不再继续使用的旧燃料组件从堆芯抽出后运送到乏燃料水池。其余旧燃料组件按堆芯装载设计在堆芯内进行移动，最后将新燃料组件依次放入堆芯的指定位置。由于燃料组件在堆芯内的移动较复杂，可采用专用计算机软件设计出便捷可行的移动方式和步骤。俄罗斯的 VVER 型核电站就采用这种换料操作。

8.3　反应堆首次临界逼近

临界逼近是核电站反应堆物理试验最基本的问题，也是反应堆启动的第一步。反应堆首次临界试验的目的在于使反应堆安全、顺利地达到临界状态，并确定这个状态下的条件，即临界条件。影响临界状态的主要因素有中子的增殖、吸收与泄漏。这些因素又涉及到核裂变材料、慢化剂、结构材料以及吸收材料的种类、密度、数量和状态。确定反应堆临界的条件是临界控制棒棒位以及临界硼浓度。

8.3.1　首次临界逼近物理试验原理

燃料组件装入反应堆堆芯后，开始进行主系统和辅助系统的冷态和热态调试试验。当所有与反应堆堆芯首次临界和物理启动试验相关的系统和设备，例如反应堆一回路冷却剂系统、化学容积控制系统、硼和给水系统、硼取样系统、堆内核测仪表系统、堆外核测仪表系统、控制棒系统、核电站中央计算机系统和试验数据采集系统等，都处于正常运行并达到热备用状态时，便已具备了堆芯首次物理启动即向临界逼近的条件。

由于反应堆的类型不同，启动顺序和具体方法各有差异。但是使反应堆达到临界的原理是相同的，基本做法也有共同性。通常先选定一个次临界状态，该次临界度一般由过去已有的同类型反应堆的临界试验经验值、已有的临界试验值或比较可信的理论预计值为依据确定，然后从该次临界状态进行临界逼近试验。压水堆核电站是在核裂变材料、慢化剂、结构材料以及吸收材料（控制棒、可燃毒物棒及可溶化学毒物）已经确定的情况下，通过控制棒的提升以及硼浓度的稀释来使反应堆达到临界的。

在临界逼近的过程中，为了确定反应堆由次临界状态向临界状态逼近的程度和临界点，采用中子计数率倒数外推方法进行监测,下面简述其原理。

中子动力学方程为

$$\frac{\mathrm{d}n}{\mathrm{d}t} = \frac{k_{\mathrm{eff}}(1-\beta)-1}{l}n + \sum_{i=1}^{6}\lambda_i C_i + S \tag{8-1}$$

$$\frac{\mathrm{d}C_i}{\mathrm{d}t} = \frac{k_{\mathrm{eff}}\beta_i}{l}n - \lambda_i C_i \tag{8-2}$$

式中:n 为中子密度,n/cm³;dn/dt 为中子密度随时间的变化率,n/(cm³ · s);β_i 为第 i 组缓发中子在全部裂变中子中所占的有效份额,$\beta = \sum_{i=1}^{6}\beta_i$;$l$ 为中子平均寿命,s;C_i 为第 i 组缓发中子的先驱核浓度,n/cm³;S 为外中子源强度,Bq;$\lambda_i C_i$ 为第 i 组先驱核的衰变率,等于第 i 组缓发中子的产生率,n/(cm³ · s)。

在反应堆临界逼近过程中,由于堆内存在外中子源,使处于次临界状态的反应堆也可形成稳定的中子分布,即

$$\frac{\mathrm{d}n}{\mathrm{d}t}=0 \tag{8-3}$$

$$\frac{\mathrm{d}C_i}{\mathrm{d}t}=0 \tag{8-4}$$

这样,求解式(8-1)和式(8-2),可以得到:

$$n=\frac{l}{1-k_{\mathrm{eff}}}S \tag{8-5}$$

式中:$(1-k_{\mathrm{eff}})$ 表征反应堆的次临界度。由于 $n \propto 1/(1-k_{\mathrm{eff}})$,所以当 $n \to \infty$ 时,$k_{\mathrm{eff}} \to 1$,反应堆便达到临界。

常见的首次堆芯临界试验方法是采用计数率倒数(1/M)对控制棒棒位、一回路系统硼浓度、稀释水量及时间进行外推,以此来确定在提棒或硼稀释过程中的临界棒位或临界硼浓度。它对首次堆芯临界过程中的安全监督都具有十分重要的作用。

计数率倒数 1/M 的定义如下:

$$1/M = N_0/N_i \tag{8-6}$$

式中:N_0 为系统的基准计数率;N_i 为不同棒位或不同硼浓度或不同稀释水量和水体积或不同时间下的计数率。

8.3.2　临界逼近物理试验的初始条件

反应堆临界逼近试验所需的初始条件如下。

(1)反应堆处于热备用状态。反应堆冷却剂系统的硼浓度维持在较高浓度范围(如 2100ppm 左右)。反应堆冷却剂系统平均温度稳定于热态零功率对应的温度,并维持在既定温度 ±0.5 ℃的范围内。反应堆冷却剂系统压力稳定于额定运行压力,并维持在既定压力 ±0.1 MPa的范围内。

(2)控制棒棒位的操作正常,指示系统能正常工作。堆外核测仪表系统已初试完毕,源量程通道、中间量程通道和功率量程中的参数停堆报警整定值已经设置完毕。各种试验测量仪器(包括反应性仪)、记录设备已经连接就位,仪器设备的参数设置已经完成。

(3)化学容积控制系统、硼和给水系统工作正常。用于硼取样所需的设备(包括硼浓度计

和化学分析实验室手动分析系统)工作正常,能够正确、频繁地测量反应堆冷却剂回路和稳压器中的硼浓度(通常情况下,每隔半小时分别进行一次冷却剂回路和稳压器取样操作)。为反应堆临界逼近已准备足够的硼稀释所需的除离子除盐水(大约 200 m³)。

(4)源量程测量通道的计数率不低于每秒 2 个计数。与一个源量程测量通道相连接的音响装置工作正常,并有合适的计数声。

8.3.3　预防与安全措施

反应堆临界逼近试验必备的预防与安全措施主要有以下几种。

(1)试验将严格遵守运行技术规范和物理试验技术规范。

(2)如果在堆芯满装载情况下,两个源量程测量通道的计数率都低于 2 次/秒,则要求在功率量程备用测量孔道内放入高效临时中子计数装置,使得中子有效计数率达到至少每秒 2 个计数,以保证反应堆启动的安全。视听计数率通道应始终处于有效状态。

(3)控制棒组应按提棒顺序及重叠步进行提棒操作;当控制棒组提升至预定棒位后,实施落棒紧急停堆试验,以检查在首次达临界前棒控系统性能的完好性;控制棒的落棒时间必须小于或等于 2.4 s,以保证控制棒有足够的停堆响应速率。

(4)对硼的稀释速率要加以限制,既要满足反应性引入速率限值的要求,还要使反应堆冷却剂系统的硼能够均匀搅混,因此,要求反应堆冷却剂中的硼浓度 C_{B1} 与稳压器中的硼浓度 C_{B2} 之差满足如下限值:

$$C_{B2}-100\text{ppm}\leqslant C_{B1}\leqslant C_{B2}+50\text{ppm}$$

(5)在硼稀释临界逼近过程中,当控制棒组提升到预定位置后,无论在任何情况下,只要反应堆冷却剂系统的硼浓度与外推临界硼浓度之差达到 50ppm 时,就应立即停止硼稀释操作。

(6)反应堆冷却剂系统温度的控制通过二回路向大气排放蒸汽的方式实现。

(7)中子通量密度水平的启动速率应限制在每分钟 1 个数量级(即中子通量密度水平每分钟增长到原有通量密度水平的 10 倍)以下。

(8)在向临界逼近的过程中,如果观察到的计数率有不正常的变化(例如,源量程中有一个中子计数率突然出现超过两倍变化),或发生紧急停堆事件,控制棒的提升或硼稀释操作应暂停。只有当引起异常变化现象的原因已被查清或消除,并确认其不会危及核电站的安全之后,控制棒束的提升或硼稀释的操作才可再继续进行。

8.3.4　首次临界逼近试验

保持反应堆内的硼浓度不变,先将停堆棒组提升至堆顶,然后再以重叠方式将控制棒组依次提升至预定位置(如 150 步)。在控制棒组提升过程中,每提升 50 步时进行一次计数率倒数外推计算和外推曲线。

保持控制棒组不动,按照调试规程的规定进行硼浓度稀释操作,直至反应堆冷却剂系统的硼浓度与外推临界硼浓度之差达到 50ppm。

保持硼浓度不变,将位于预定位置的控制棒组进行分段提升(每段约 5~10 步),直至反应堆堆芯达到临界。

在提棒外推达临界过程中,如果控制棒组提升至堆顶时反应堆仍未达到临界,则将控制棒组重新回插,继续以恒定的慢速稀释流量进行硼浓度稀释操作,引入正反应性。在稀释过程中,每间隔一定时间(如 15 min)分别进行硼浓度计读数记录和一回路化学取样分析,并根据这些测量数据进行倒计数率外推计算。最后再提升控制棒向临界逼近,直至达到临界状态。

反应堆首次临界逼近是后续零功率物理试验的基础。

8.4　临界硼浓度测量

压水堆核电站反应堆反应性控制的主要方法除了控制棒组以外,还有可溶硼。天然硼中^{10}B 具有很大的热中子吸收截面,对堆芯内热中子利用系数有较大的影响。通过改变冷却剂中的硼浓度,可以改变反应堆堆芯的有效增殖因子,从而达到控制反应堆的目的。反应堆冷却剂回路中的可溶硼控制主要用于提供足够的冷态或热态停堆裕量,正常功率运行时依赖可溶硼控制可使大部分控制棒组处于堆顶,使堆芯径向功率分布趋于平坦,并可对燃耗反应性起缓慢补偿作用。因此硼浓度的变化直接影响到停堆裕量、燃耗反应性和寿期。

另外硼作为化学补偿毒物,对慢化剂温度系数有着显著的影响。随着硼浓度的增加,慢化剂温度系数会增大(趋正);当慢化剂中的硼浓度超过某一值时,慢化剂温度系数有可能出现正值。因此,临界硼浓度是堆芯核设计中的一个重要参数,也是通过物理试验来验证堆芯性能的一项重要指标。

8.4.1　测量方法及原理

在控制棒组或停堆棒组置于所要求的堆顶或堆底位置时,测定此状态下维持堆芯临界状态时的硼浓度,该临界硼浓度也称为末端临界硼浓度。

临界硼浓度应该在控制棒组位于其预定位置时进行测量,但在实际测量时控制棒位置与预定位置是有差异的;试验时反应堆堆芯冷却剂实际平均温度 T_{avg} 与测量所要求的参考温度 T_{ref} 也是有偏差的,这时需要考虑修正由于 T_{avg} 偏离 T_{ref} 所引起的反应性的变化。要精确求得满足试验要求的临界硼浓度,即保持与设计时的条件相同,就必须考虑关于上述控制棒位置和冷却剂温度两项修正,这样才能得到在预定位置上满足试验条件要求的临界硼浓度,即

$$C_B(P_0) = C_B(P_i) + \Delta C_{B1} + \Delta C_{B2} \qquad (8-7)$$

式中:$C_B(P_0)$ 为在预定位置上满足试验条件要求的临界硼浓度;$C_B(P_i)$ 为控制棒组处于 P_i 位置时测得的临界硼浓度;ΔC_{B1} 为温度偏离引起硼浓度变化的修正量;ΔC_{B2} 为棒位偏离引起硼浓度变化的修正量。

(1)温度修正 ΔC_{B1}。ΔC_{B1} 修正是指试验时冷却剂实际平均温度与预定参考温度偏差引起的硼浓度变化,修正方法如下

$$\Delta C_{B1} = -\alpha_{iso} \Delta T / \frac{\partial \rho}{\partial C_B} \qquad (8-8)$$

式中:α_{iso} 为反应堆对应于控制棒组在 P_0 位置的等温温度系数,在没有试验测定值的情况下可暂用理论值代替,pcm/℃;ΔT 为冷却剂实际平均温度与预定参考温度的偏差,即

$$\Delta T = T_{avg} - T_{ref} \qquad (8-9)$$

$\frac{\partial \rho}{\partial C_B}$ 为硼微分价值,单位为 pcm/ppm,在没有试验测定值时可暂用理论值代替。

(2)棒位修正 ΔC_{B2}。ΔC_{B2} 修正是指试验时控制棒位置与预定控制棒位置偏差引起的硼浓

度变化,修正方法如下。

$$\Delta C_{B2} = \Delta\rho / \frac{\partial\rho}{\partial C_B} \tag{8-10}$$

如果要测量某控制棒在棒位为 P_0、冷却剂参考温度为 T_{ref} 时的临界硼浓度 $C_B(P_0, T_{ref})$,实际测得的是控制棒在棒位为 P_i、反应堆冷却剂平均温度为 T_{avg} 的临界硼浓度 $C_B(P_i, T_{avg})$,则 $C_B(P_0, T_{ref})$ 与 $C_B(P_i, T_{avg})$ 的关系为

$$C_B(P_0, T_{ref}) = C_B(P_i, T_{avg}) + \frac{[\Delta\rho - \alpha_{iso}(T_{avg} - T_{ref})]}{\frac{\partial\rho}{\partial C_B}} \tag{8-11}$$

式中:$\Delta\rho$ 是某棒从 P_i 提到 P_0 时测量得到的反应性,即某控制棒从 P_i 到 P_0 的一段控制棒的价值(要求 $\Delta\rho < 50\text{pcm}$)。

临界硼浓度测量的实质是在堆芯硼浓度充分稳定的临界状态下测量控制棒的"末端反应性",然后求出预定工况下的临界硼浓度,即"末端临界硼浓度",以便和设计值进行比较。

常用的硼浓度测量方法有三种:化学分析法(也称滴定法)、在线硼浓度计(硼表)和体积法。在核电站的试验测量中以化学分析法为主,以硼浓度计的读数作为参考值,体积法只用于稀释和硼化之前对所需加入水量或硼溶液体积进行估算。

为了保证硼浓度在反应堆冷却剂系统的均匀性,临界硼浓度测量试验应每隔一定时间(如 15 min)分别进行一次一回路硼浓度和稳压器硼浓度的测量。

8.4.2 测量结果的验收准则

当所有控制棒全部提出堆芯时,临界硼浓度测量结果的验收准则是:试验测得的临界硼浓度 C_B^M 和理论计算得到的临界硼浓度 C_B^C 的偏差应在 ±50ppm 以内,即

$$|C_B^M - C_B^C| \leqslant 50\text{ppm} \tag{8-12}$$

但在其他状态测量临界硼浓度时,用下式来验证校正测量值与理论计算值的偏差为

$$C_{B_i}^M = C_{B_i}^C + [C_{B_{i-1}}^M - C_{B_{i-1}}^C] \pm [0.005 C_{B_i}^M + 0.1\Delta\rho_i / (\frac{\partial\rho}{\partial C_B})_i] \tag{8-13}$$

式中:$C_{B_i}^M$ 为 i 状态的硼浓度测量值;$C_{B_i}^C$ 为 i 状态的硼浓度设计值;$C_{B_{i-1}}^M$ 为 $i-1$ 状态的硼浓度测量值;$C_{B_{i-1}}^C$ 为 $i-1$ 状态的硼浓度设计值;$C_{B_{i-1}}^M - C_{B_{i-1}}^C$ 为 $i-1$ 状态的硼浓度测量值与计算值之差;$0.005 C_{B_i}^M$ 为在硼浓度测量值基础上考虑 0.5% 的测量误差;$\Delta\rho_i$ 为从上一状态控制棒棒位到 i 状态控制棒棒位对应的反应性之差;$\left(\frac{\partial\rho}{\partial C_B}\right)_i$ 为 i 状态下的平均硼微分价值,单位为 pcm/ppm;$0.1\Delta\rho_i / (\frac{\partial\rho}{\partial C_B})_i$ 为在硼浓度测量值基础上考虑 10% 的棒价值误差。

停堆所需最小硼浓度的测量值与理论计算值的偏差应在 ±100ppm 范围内。

8.5 控制棒价值测量

在压水堆核电站的运行过程中,控制棒是控制反应堆堆芯反应性快变化的主要手段。引起反应性快变化的主要原因有燃料的多普勒效应、慢化剂的温度效应和空泡效应等。控制棒还用于功率变化时克服瞬态氙毒效应以及热停堆的需要。所以控制棒对反应堆有紧急控制和

功率调节功能。但控制棒所提供的反应性价值能否满足安全运行和设计要求,这就需要测量控制棒的价值。

在启动物理试验中,测量控制棒价值的主要目的是测量控制棒的微分价值和积分价值,验证理论设计的正确性,为运行提供必要的条件。

8.5.1　测量原理及方法

控制棒组的微分价值是指控制棒组插入单位深度(即控制棒组每移动一步,约 1.6 cm)所引起的反应性变化。控制棒组的积分价值是指一组控制棒从初始位置插入或提升到某一高度所引起的反应性变化。它实质上就是对微分价值的积分。

控制棒组的微分价值和积分价值一般是在热态零功率下测量的,其测量方法主要有调硼法、换棒法、周期法及动态刻棒法等。

调硼法用于第一组控制棒或价值最大的一组控制棒的价值测量。测量时,反应堆处在热态零功率物理试验范围内的稳定临界,这时反应堆冷却剂系统的平均温度和压力均对应于热态零功率工况,反应堆功率限制在多普勒发热点以下,通过以恒定的速率稀释硼(或硼化),使堆内的硼浓度发生变化,相应产生一个反应性的变化 $\Delta \rho_i$,反应堆就偏离起始的临界状态,此时把待测棒组插入(或提出)一个合适的步数 ΔH_i 来补偿由于稀释硼(或硼化)所造成的反应性变化,使堆芯维持在临界状态上。如此反复,一边稀释硼(或硼化),一边插入(或提出)棒,直到被测控制棒插(或提)到某一预计的位置上停止稀释硼(或硼化)。由反应性仪和记录仪记录就可得控制棒的微分、积分价值。由于调硼法依赖于稀释硼(或硼化)的速率,一般耗时较多,不经济,但测量精度较高。

换棒法是利用已经测得棒价值的控制棒与待测棒价值的控制棒交替在堆芯内的插入或抽出,推算出待测棒的价值。相对于调硼法,换棒法具有耗时较少的优点,但测量精度不如调硼法。

8.5.2　试验条件及注意事项

反应堆应始终处于热态零功率物理试验水平范围内。试验过程中要求回路硼浓度均匀,即回路中的硼浓度值和稳压器内的硼浓度值之差应较小(如小于 20ppm),为此,化学容积控制系统和稳压器备用电加热器应投入运行,棒控系统、堆外核测系统、化容系统、硼和水补给系统等应正常工作。稳压器的压力和水位投入自动控制。

测量过程中,应密切注意控制棒棒位指示,注意是否发生控制棒的失步、滑步或者落棒等异常现象。同时应注意消除控制棒抽出位置高位报警、控制棒插入低位报警、控制棒插入低-低位报警、控制棒落棒报警等棒位报警信号。

在用插棒(或提棒)来补偿稀释硼(或硼化)所改变的反应性过程中,一次引入的反应性不要过大(一般不超过 40pcm),同时插棒(或提棒)过程应连续进行,不要断续。在逐段移动控制棒组时,应使中子通量密度水平维持在反应性仪满量程的 15%～90% 范围内。

8.5.3　验收准则

验收准则是测量得到的控制棒组积分价值与理论计算值的偏差小于 ±10%。

8.6　等温温度系数测量

核电站反应堆本身固有的自稳性好坏,在相当程度上取决于慢化剂温度系数的值。在堆芯核设计中,对慢化剂温度系数的数值有一定要求,特别是在功率运行工况下,其值不能为正。压水堆核电站的堆芯启动物理试验都无一例外地要求对慢化剂温度系数这一重要参数进行测量。

由于测量上的困难,慢化剂温度系数通常都是在堆芯处于热态零功率物理试验状态下,通过对等温温度系数的测量而间接得到的。

8.6.1　测量原理及方法

慢化剂温度系数定义为堆芯慢化剂平均温度每变化 1 ℃所引起的堆芯反应性变化量。

当反应堆处于热态零功率状态下,堆芯慢化剂温度缓慢变化时,可认为燃料的温度变化与慢化剂的温度变化是一致的。为此,把在热态零功率状态下,由于燃料温度与慢化剂温度同等变化引起的反应性变化,称为等温温度系数 α_{iso},单位为 pcm/℃,计算式如下:

$$\alpha_{iso} = \Delta\rho/\Delta T \tag{8-14}$$

式中: $\Delta\rho$ 是由于温度变化引起的反应性变化量,pcm; ΔT 是温度变化量,℃。

上式中的反应性变化 $\Delta\rho$ 又可分成两部分,一部分是由于反应堆慢化剂温度变化引起反应性变化量 $\Delta\rho_m$;另一部分是由于燃料温度变化引起燃料中[238]U 的共振吸收变化所造成的反应性变化量,此效应也称多普勒效应,用 $\Delta\rho_d$ 表示(它是一种负效应),有 $\Delta\rho = \Delta\rho_m + \Delta\rho_d$。由此,可以将等温温度系数表示为

$$\begin{aligned}\alpha_{iso} &= \Delta\rho/\Delta T \\ &= (\Delta\rho_m + \Delta\rho_d)/\Delta T \\ &= \alpha_m + \alpha_d\end{aligned} \tag{8-15}$$

式中: α_m 是慢化剂温度系数,pcm/℃; α_d 是燃料多普勒温度系数,pcm/℃,一般由理论计算给出。

式(8-15)还可以写成:

$$\alpha_m = \alpha_{iso} - \alpha_d \tag{8-16}$$

可以看出,只要测量出等温温度系数,就可以推算出慢化剂温度系数。

在热态零功率状态下,一回路的热量通过蒸汽发生器传热管传递到二回路,用来加热蒸汽发生器的给水,产生大量蒸汽。通过调节蒸汽向大气的排放量,使得蒸汽带走的热量等于一回路产生的热量,从而使一、二回路达到热力平衡状态,反应堆冷却剂温度保持恒定。但是,为了测量等温温度系数,需要调整蒸汽排放量,打破一、二回路的热平衡状态,改变反应堆冷却剂温度即慢化剂温度。慢化剂温度的变化必然导致反应性的变化,这正是试验所希望得到的结果。也就是说,等温温度系数的测量是在热态零功率状态下,通过改变慢化剂平均温度来进行的。

在试验时,调节大气释放阀或旁排阀的开度,使慢化剂温度呈线性变化;同时,慢化剂温度的变化速率又必须限制在一定的范围内,以使慢化剂温度与燃料温度变化保持一致。

8.6.2　试验条件及注意事项

为了保证等温温度系数测量的顺利进行,在试验过程中需要注意以下几点。

（1）在整个试验过程中，要维持反应堆冷却剂系统硼浓度不变。试验期间，如出现慢化剂温度系数为正现象，则要分析原因，根据技术规范的要求确定试验方案。但所有棒提出堆外时，在相应的临界硼浓度下，允许慢化剂温度系数稍稍偏正。

（2）在试验过程中，冷却剂平均温度变化范围控制在热态零功率状态附近的较小范围内（如 ±3 ℃）；慢化剂平均温度升高或降低速率要平稳，为此，需要将蒸汽发生器排污阀关闭，将化学容积控制系统的净化床旁通。

（3）在试验期间，中子通量水平不得超过热态零功率物理试验水平的上限值，避免由于多普勒发热点引入的反应性影响试验结果。同时控制中子通量水平在反应性仪中子通量密度测量量程的 $15\%\sim90\%$ 范围内，避免超量程引起反应性仪工作不正常。当中子通量密度水平偏高或偏低将要超出量程范围时，可通过移动控制棒组来调整通量密度水平使其在测量量程范围内。

（4）在试验期间，蒸汽发生器水位应大于或等于零负荷水位。若发现蒸汽发生器水位触发"低水位"报警，则停止试验，防止蒸汽发生器发生"低-低水位"而触发停堆信号动作。

8.6.3　数据处理

（1）等温温度系数实测值的计算。测量结束后，可以获得一组或多组 $\rho=f(T_{avg})$ 曲线，在这些曲线中标出线性段，求出每个线性段的斜率 $\Delta\rho/\Delta T_{avg}$，对于每一组升温和降温曲线，有

$$\alpha_{iso}^{i}=\Delta\rho/\Delta T_{avg}, \quad i=1,\cdots,n, \quad pcm/℃ \tag{8-17}$$

式中：n 是升温和降温总次数。因此，当前棒位和硼浓度下的等温温度系数为

$$\alpha_{iso}=\frac{1}{n}\sum_{i=1}^{n}(\Delta\rho/\Delta T_{avg})_{i}=\frac{1}{n}\sum_{i=1}^{n}\alpha_{iso}^{i}, \ pcm/℃ \tag{8-18}$$

（2）等温温度系数实测值的修正计算。在试验时，堆芯的初始状态与设计给出的参考状态一般会有些偏离。为了使测量值能与设计参考值直接进行比较，需要对测量值用理论修正公式进行修正，以使它们的初始状态保持一致。修正公式给出如下：

$$\alpha_{iso}^{act}=\alpha_{iso}^{ref}+\Delta\alpha_{T}(\Delta T)+\Delta\alpha_{C_{B}}\frac{C_{B}^{ref}-C_{B}^{act}}{100\times10^{-6}}+\Delta\alpha_{rod}, \quad pcm/℃ \tag{8-19}$$

式中：α_{iso}^{act} 表示实际测量状态的等温温度系数；α_{iso}^{ref} 表示参考状态的等温温度系数计算值；C_{B}^{ref} 和 C_{B}^{act} 表示参考状态和实际测量状态的堆芯硼浓度值；$\Delta\alpha_{T}$ 表示慢化剂温度偏离参考值引入的修正量；$\Delta\alpha_{C_{B}}$ 表示堆芯硼浓度偏离引入的修正量；$\Delta\alpha_{rod}$ 表示由于控制棒偏离参考值引入的修正量。多普勒温度系数因变化很小，一般不需要修正。

（3）当慢化剂温度系数为正时，需要将控制棒适当插入，以降低临界硼浓度，从而使慢化剂温度系数为 0 或负值。因此，要对控制棒组的抽出限值作出规定。

8.6.4　验收准则

在某一棒位下，等温温度系数的验收准则是试验测量值与理论计算值之间的偏差满足如下关系式：

$$|\alpha_{iso}^{M}-\alpha_{iso}^{C}|\leqslant5.4 \ pcm/℃ \tag{8-20}$$

如果 α_{iso}（降温）与 α_{iso}（升温）之间的偏差小于 2 pcm/℃，试验结果可以接受，否则重复试验直至该偏差小于 2 pcm/℃。

8.7　功率系数测量

当压水堆核电站处在正常运行工况下,由于某种原因核电站的运行参数,如功率、压力、温度及堆芯内空泡等发生变化时,堆芯的反应性也随之发生相应的变化。反应堆系统存在着这种随堆芯其他某一特性变化而自动变化的固有特性。该固有特性通常是用反应性系数来描述的。对反应堆具有重要意义的一些反应性系数有慢化剂温度系数、燃料温度系数、空泡系数及压力系数等,但对反应堆安全运行最具实际意义的是功率系数,因为它综合了慢化剂温度系数、燃料温度系数和空泡系数。

功率系数测量就是通过试验来验证设计计算给出的功率系数,以确认最终安全分析报告中事故分析所用的功率系数是保守的。

8.7.1　试验原理

根据压水堆的设计要求,当反应堆功率增加时,堆芯要有负反应性的引入。这样可以产生对功率提升速率的限制,为系统增加一定的安全性。反应堆固有的这些反应性效应有:

(1)随着反应堆功率的增加,燃料有效温度增加,多普勒温度系数引入负反应性;

(2)当慢化剂温度上升时,负的慢化剂温度系数向堆芯引入负反应性;

(3)堆芯内的泡核沸腾造成的空泡也向堆芯引入负反应性。

反应堆功率从热态零功率提升到满功率的过程中,上述这些效应都会产生。功率系数为功率每变化 1% 时反应性的变化,如下式所示:

$$\alpha_p = \frac{\mathrm{d}\rho}{\mathrm{d}Q} = \alpha_T^{\mathrm{f}}\frac{\mathrm{d}T_{\mathrm{f}}}{\mathrm{d}Q} + \alpha_T^{\mathrm{m}}\frac{\mathrm{d}T_{\mathrm{m}}}{\mathrm{d}Q} + \alpha_v^{\mathrm{m}}\frac{\mathrm{d}x}{\mathrm{d}Q}, \quad \mathrm{pcm/\%FP} \tag{8-21}$$

它综合了单一多普勒功率系数、单一慢化剂功率系数和单一空泡功率系数之和。将功率系数在 0~100%FP 的功率范围内进行任一区间的积分,便可得出该区间的功率变化所引入的反应性变化总量,该量也称为"功率亏损"。

8.7.2　数据处理

试验采集的数据通过记录介质的传输,进行离线处理,方法如下:

$$\int_{Q_0}^{Q_i} \frac{\partial\rho}{\partial T_{\mathrm{f}}}\frac{\mathrm{d}T_{\mathrm{f}}}{\mathrm{d}Q}\mathrm{d}Q + \int_{Q_0}^{Q_i} \frac{\partial\rho}{\partial T_{\mathrm{m}}}\frac{\mathrm{d}T_{\mathrm{m}}}{\mathrm{d}Q}\mathrm{d}Q + \int_{Q_0}^{Q_i} \frac{\partial\rho}{\partial x}\frac{\mathrm{d}x}{\mathrm{d}Q}\mathrm{d}Q$$

$$+ \int_{(T_{\mathrm{avg}}-T_{\mathrm{ref}})_0}^{(T_{\mathrm{avg}}-T_{\mathrm{ref}})_i} \frac{\partial\rho}{\partial(T_{\mathrm{avg}}-T_{\mathrm{ref}})}\mathrm{d}(T_{\mathrm{avg}}-T_{\mathrm{ref}}) + \int_{h_0}^{h_i} \frac{\partial\rho}{\partial h}\mathrm{d}h + \int_{X_0}^{X_i} \frac{\partial\rho}{\partial N_{\mathrm{Xe}}}\mathrm{d}N_{\mathrm{Xe}} = 0 \tag{8-22}$$

上式中的前三项之和就是我们所要求的功率亏损量。其中空泡系数在整个堆芯寿期内几乎是个常数,所以空泡效应对总的功率亏损影响较小,可以忽略不计。于是,有功率亏损 $\Delta\rho$:

$$\Delta\rho = \int_{Q_0}^{Q_i} \frac{\partial\rho}{\partial T_{\mathrm{f}}}\frac{\mathrm{d}T_{\mathrm{f}}}{\mathrm{d}Q}\mathrm{d}Q + \int_{Q_0}^{Q_i} \frac{\partial\rho}{\partial T_{\mathrm{m}}}\frac{\mathrm{d}T_{\mathrm{m}}}{\mathrm{d}Q}\mathrm{d}Q$$

$$= -\left\{ \int_{h_0}^{h_i} \frac{\partial\rho}{\partial h}\mathrm{d}h + \int_{X_0}^{X_i} \frac{\partial\rho}{\partial N_{\mathrm{Xe}}}\mathrm{d}N_{\mathrm{Xe}} + \int_{(T_{\mathrm{avg}}-T_{\mathrm{ref}})_0}^{(T_{\mathrm{avg}}-T_{\mathrm{ref}})_i} \frac{\partial\rho}{\partial(T_{\mathrm{avg}}-T_{\mathrm{ref}})}\mathrm{d}(T_{\mathrm{avg}}-T_{\mathrm{ref}}) \right\} \tag{8-23}$$

由上式可知,功率亏损是通过求控制棒位移动所引起的反应性变化(等号右边第一项)、氙毒变化所引起的反应性变化(等号右边第二项)以及一回路冷却剂平均温度 T_{avg} 与参考温度

T_{ref} 的偏差所引起的反应性变化(等号右边第三项)来得到的。试验时,当 T_{avg} 与 T_{ref} 的偏差大于 0.5 ℃时,就应考虑 T_{avg} 与 T_{ref} 偏差所引起的反应性变化。

8.7.3　试验条件和预防措施

反应堆在各功率水平上稳定运行至少 48 h,达到氙平衡状态;一回路冷却剂平均温度控制在参考温度±0.5 ℃;一回路冷却剂压力控制在额定运行压力±0.1 MPa;稳压器与一回路系统的硼浓度之差小于 20ppm,并且在试验中严禁调节硼浓度。试验时容积控制箱水位处于反应堆系统不进行自动补水的水位;稳压器水位和压力应为自动控制状态。除了棒控系统外,影响电厂瞬时响应的辅助设施应处于自动运行状态;试验时,控制棒控制方式处于手动位置上,该棒组随预期负荷变化时,不超过插入极限或抽出极限;功率量程停堆高整定值,在不超过额定功率的 109% 的范围内,整定在比实施试验规定的水平高 20% 的数值上;功率量程停止提棒的整定值,在不超过额定功率的 103% 的范围内,整定在比实施试验规定的水平高 15% 的数值上;注意观测超功率和超温 ΔT 记录仪的记录,要求离整定值有 10%ΔT 以上的裕度。试验中,还应注意"轴向通量偏差超差""棒插入极限""象限功率倾斜""ΔI 在目标带外累计时间过长"等报警。负荷变化的速度不得超过正负阶跃变化 10% 或线性变化每分钟 5%。

8.7.4　验收准则

功率从 100%FP 变化到 0%FP 范围,功率系数的验收准则为 15%。

8.8　堆芯功率分布测量

核电站的反应堆堆芯功率分布是一个极其重要的物理量。装料后零功率堆芯性能试验时进行的功率分布测量,主要用来检查堆芯装料是否正确,同时也验证(换料)堆芯的物理设计是否满足设计准则要求。在升功率阶段,通过堆芯功率分布试验,验证堆芯主要的物理热工参数是否满足安全准则,只有在当前功率水平的功率分布结果满足安全准则和设计准则时才允许继续提升功率。随着燃耗的变化,堆芯的功率分布也发生变化,这就需要对其进行定期测量,以便通过功率分布测量计算出堆芯内每个燃料组件的燃耗深度,并为下一个循环换料方案设计提供必要的物理参数。另外,用定期测量的功率分布的结果,校验堆外核测系统功率量程的刻度系数和功率分布监测系统的 ΔI_{ref},以保证堆芯安全运行。

堆内中子通量分布由堆芯中子通量测量系统进行测量,测量时的功率水平在反应堆启动期间为 0.1%FP(小于 2%FP);提升功率阶段分别在 10%FP、30%FP、50%FP、75%FP、100%FP功率水平上进行。按技术规格书要求,反应堆在正常稳定运行期间,通常每个月进行一次测量。

8.8.1　测量系统简介

堆内中子通量密度分布由堆芯测量系统的堆芯中子通量测量系统进行测量,堆芯中子通量测量系统主要由测量系统和数据计算机处理系统两部分组成。

测量系统的测量通道一般约为全堆芯燃料组件数目的 1/3。测量点的布置原则是必须保证具有代表性和足够的数量,并且适当考虑对称性监测的要求。测量通道可分为 4～5 组,每一组测量通道配备一个微型可移动的裂变室探测器。

微型裂变室是中子通量密度测量系统的中子敏感组件。每个微型裂变室包含一个中心电极和两个密封的不锈钢包壳;其表面上涂有^{235}U富集度为90%的UO_2,空间充满了氩气。探测器外壳和在驱动单元末端的同轴电缆相连。在测量孔道内推进测量时,在探头两极加有恒定工作电压(又称偏置电压),该电压大小通过坪曲线测量确定。热中子与电极涂层^{235}U反应产生带电碎片使氩气电离,在工作电压下产生电流,该电流和入射热中子通量成正比。这就是中子通量探测器的工作原理。

这些微型裂变室是由驱动单元和各种选择器构成的机电设备来驱动的,通过将微型裂变室从堆芯底部同时插入每组中的一个指套管内。中子通量图的测量数据是微型裂变室探头在堆芯内从堆芯上部向下部的移动过程中采集的。探头每移动1 mm,称为一个"探测器步"。每经过若干个"探测器步"(一般为8个"探测器步"),控制计算机就采集一个数据。

随着微型裂变室探头测量次数的增加,导致探头中^{235}U的损耗也在不断地增加,这必然引起探头坪特性的变化。因此,探头在使用一段时间后,或在使用条件发生变化的情况下,必须重新测量探头的坪特性,以重新确定探头的工作电压。

8.8.2　测量方法

中子通量密度测量系统的主要测量方法有以下几种。

(1)探头校刻测量。探头校刻测量有两种方法。一种是将所有探测器依次插入公共的参考通道中测量中子通量,从而确定所有探测器的相对灵敏度,这种方法称为参考互校准,参考通道由堆芯核设计给出。另一种是将所有探测器同时插入其备用测量通道的第一路进行通量测量,通过将互校准阶段某一探测器测得的一条通道的测量结果和正常期间由另一个探测器测得该通路的测量结果相比较,可以确定这两个探测器的相对灵敏度。如果知道了各探测器之间的相对灵敏度,即确定了所有探测器的相对灵敏度。这种方法称为循环互校准。

(2)全自动同步测量,也称作"连锁测量"。通过同时连续地和自动地测量每个通道的各条通路,从而自动完成对各堆芯测量通道的中子通量测量。一般全堆芯中子通量图测量采用此方法。

(3)半自动同步测量,也称作"顺序测量"。同时运行各个通道,但一次只进行一个测量操作,以便操作员能够决定是改变测量通道,还是对同一个通道再次进行测量。

8.8.3　测量数据处理方法

通量密度测量的数据,必须经过数据处理软件进行处理后,才能得到所需要的结果。数据处理软件一般具备以下功能。

(1)数据预处理。该阶段的目的是对原始数据进行分析和预处理,读出堆芯通量数据,并进行解码。

(2)功率分布拓展计算。该阶段的目的是建立测量的中子通量密度的三维分布,将计算出的通量密度分布与设计的理论通量密度分布相比较,基于计算出的理论数据和通量测量数据重新确定新的功率分布。

(3)确定校准系数。为堆外核仪表系统功率量程通道的功率水平和轴向功率偏差读数确定新的校准系数。

8.8.4　试验步骤

当反应堆运行状态满足中子通量密度测量条件后,按照中子通量图测量操作规程操作堆芯测量系统进行测量。

堆芯中子通量密度测量开始的时候,所有探测器采用循环互校准方式同时插入备用测量通道进行通量密度测量,以便对这些探头进行循环互校准。

在探头校准完毕后,这些探头根据预先确定的顺序同时进入各自相对应的通道进行测量。每一个探头根据控制计算机给出的指令有序地将测量数据送到控制计算机中。

在中子通量图测量过程中,需要定期记录控制棒组的位置、冷却剂平均温度、功率量程通道电流输出等数据。

在通量图测量开始和结束时,各进行一次二回路热平衡和反应堆冷却剂系统硼浓度样品的化学分析。

试验测量采集的数据和由中央数据处理系统采集的温度、压力、流量、棒位和堆外核测探测器电流等数据,被送到堆内核测仪表系统控制计算机中,堆内核测仪表系统控制计算机将其与通量密度测量数据按一定的格式生成一个测量数据文件,然后将测量数据文件用通量图数据处理软件进行数据处理。

8.8.5　试验条件和预防措施

反应堆在有功率水平下应稳定运行 48 h,达到氙平衡。在零功率测量时,要把功率提升到探测器灵敏度范围内(一般功率水平小于 2%FP),且测量数据可以区分出格架位置的通量凹陷。

中子通量图测量前 6 h 内,检查堆芯稳定状态,要求反应堆冷却剂平均温度与参考温度偏差小于 ±0.5 ℃;无硼化和稀释操作;轴向功率偏差的变化率小于每小时 0.3%FP;稳压器压力稳定在 15.3～15.5 MPa。

在中子通量图测量过程中,应维持功率水平稳定;维持反应堆冷却剂平均温度在参考温度的 ±0.5℃范围内,必要时通过控制棒移动来达到上述要求。控制棒移动范围为中子通量密度测量开始时的棒位 ±3 步范围内,但是在数据采集时(探头低速抽出时)不能移动控制棒,同时必须避免任何引起反应堆平均温度变化的操作。

对于正常功率水平下的中子通量图测量,在中子通量图测量开始和结束时,要分别对回路和稳压器各进行一次硼浓度的采样测量分析和一次热平衡计算。

8.8.6　验收准则

对功率分布测量试验结果的验收分为安全准则和设计准则。

(1)核焓升因子 $F_{\Delta H}^{N}$ 是最热通道焓升与平均通道焓升之比。核焓升因子是安全准则,其必须低于一定功率水平下的限值:

$$F_{\Delta H}^{N} \times 1.04 \leqslant 1.55 \times [1 + 0.3 \times (1 - P_r)] \qquad (8-24)$$

当堆芯功率水平 P_r 低于 10%FP 时,不对核焓升因子进行检验。

(2)热点因子 F_Q^N 是堆芯燃料棒局部最大线功率密度与平均燃料棒线功率密度之比。热点因子是安全准则,其必须低于与一定功率水平相应的限值:

$$F_Q^N \times 1.08 < F_Q^{LOCA}/P_r \qquad (8-25)$$

式中：F_Q^{LOCA} 是总的最大轴向功率包络值。它考虑到在发生 LOCA 期间，堆芯的再淹没必须能够防止燃料熔化。

（3）径向功率峰因子 F_{xy} 是 z 平面上燃料棒最大线功率密度与该平面平均线功率密度之比。径向功率峰因子是设计准则，它必须满足如下方程：

$$F_{xy} < 1.04 \times F_{xy}^L \times [1+0.1 \times (1-P_r)] \qquad (8-26)$$

式中：F_{xy}^L 是在额定功率水平下，当所有控制棒全提时，堆芯 z 平面的径向功率峰因子设计值。

当堆芯功率水平 P_r 低于 10%FP 时，不对径向功率峰因子进行检验。

（4）象限功率倾斜比。在任何功率水平下，象限功率倾斜比都必须小于 1.09；在额定功率水平运行时，象限功率倾斜比要小于 1.02。

（5）燃料组件的理论功率与测量功率之差。对于不同的堆芯功率水平，对燃料组件的理论功率与测量功率偏差有不同的要求。具体的验收准则如表 8-3 所示。

表 8-3　燃料组件的理论功率与测量功率验收准则

燃料组件的相对功率水平	堆芯功率水平小于 50%FP	堆芯功率水平大于 50%FP
≥0.9	≤10%	≤5%
<0.9	≤15%	≤8%

反应堆内除了设置中子通量密度测量（堆芯功率分布测量）系统以外，一般还有堆芯冷却剂温度测量系统和反应堆压力容器水位测量系统。它们分别提供燃料组件出口处的冷却剂温度分布和反应堆压力容器水位。

8.9　控制棒落棒试验

核电站的反应堆设计和运行，除考虑正常运行工况外，还必须谨慎考虑可能出现的异常事件或事故。某些事件发生后将导致堆芯安全性能下降。各参数变化怎样，是否在安全限值之内，是否能够继续满功率或降负荷运行，这就必须对该事件引起的相关性能参数的改变进行必要的试验测量，除了提供安全研究和改进设计之用外，还为反应堆能否继续运行提供决策性依据；而另一类事件发生后反应堆必须立即停堆，否则将会造成堆芯燃料元件烧毁，后果不堪设想。那么，一旦这类事故发生后，与此事故相关联的停堆信号是否出现，反应堆保护（停堆）通道是否能正常动作和执行停堆指令，这就需要在核电厂调试阶段进行检验试验。由此可见，对上述两类事件在调试阶段进行的测量和试验，无论是对于电厂安全运行，还是进行安全性能研究和设计改进均有重要意义。

8.9.1　试验目的

落棒试验的目的，是通过落棒动作触发功率量程通道"负中子注量率变化率高"信号，从而引起反应堆自动停堆，由此验证反应堆保护系统功能的完备性和可靠性。

电站反应堆在高功率运行时，若有两束或两束以上的控制棒由于某些原因（如机械故障、电气失控等）突然落入堆底，将造成两类效应：一方面使堆芯功率分布发生很大畸变，堆芯的热

管因子 F_Q 急剧增加,有可能大大地超过安全限值;另一方面落棒后引入的负反应性将使功率水平很快下降,假如此时反应堆不及时停堆,即其余控制棒不急速下插停堆,由于功率水平的下降及平均温度的降低所引入的正反应性不仅可能抵消落棒引入的负反应性,而且可能使反应堆重新超临界,功率上升趋于新的水平。

　　显然,反应堆在热管因子很大时继续在高功率上运行是很危险的,极易造成燃料元件的烧毁。因此,核电站反应堆保护系统设有"负中子注量率变化率高"的停堆保护信号,该信号由每个功率量程通道提供。为了防止单个通道可能产生错误信号,在逻辑上采取了"四取二"原则,即四个功率量程通道保护继电器必须有两个或两个以上发出此信号,反应堆保护系统才执行紧急停堆功能。

8.9.2　试验方法

　　反应堆功率水平稳定在 50%FP,主调节棒和温度调节棒处于运行带内,其余控制棒提升到堆顶。运行带宽度一般为 12 步,运行带中点位于"咬量"加 12 步。

　　选择一组控制棒中的任意两束同时断电,使其落入堆芯引发反应堆自动停堆。采用高速记录仪器可以记录整个落棒试验过程的保护继电器释放信号、停堆信号、控制棒下落速率等参数。

　　某核电厂反应堆落棒试验结果如表 8 - 4 所示。

表 8 - 4　落棒试验结果

事件序号	事件说明	设计值/s	相对时间/s
1	试验选取的落棒棒束开始下落	0.00	$T_0 = 0.00$
2	3 号功率量程通道保护继电器释放	0.64	$T_1 = 0.64$
3	2 号功率量程通道保护继电器释放	0.705	$T_2 = 0.70$
4	反应堆停堆信号触发("四取二"保护逻辑产生)		$T_3 = 0.71$
5	选定安全停堆棒束下落		$T_4 = 0.72$
6	1 号功率量程通道保护继电器释放	0.786	$T_5 = 0.82$
7	4 号功率量程通道保护继电器释放	0.945	$T_6 = 0.96$

　　"落棒试验"的安全验收准则是:考虑到保护系统单一故障准则,与反应堆停堆保护设定值相关的四个功率量程通道保护继电器中至少应有三个保护继电器动作。

8.10　"模拟弹棒"试验

8.10.1　试验目的

　　"模拟弹棒"试验的目的在于检查当最大一束效率的控制棒束"弹出"堆芯而引起的堆芯热点因子 F_Q、焓升因子 $F_{\Delta H}$ 的变化,验证核电厂最终安全分析报告中给出的限值是否得到满足。

8.10.2　试验方法

进行"模拟弹棒"试验时,反应堆处于热态零功率稳定临界状态下,控制棒以重叠方式插入在零功率标定位置上。记录试验前的堆芯状态参数,然后进行全堆芯功率分布测量。在功率分布测量过程的初、中、末期对硼浓度、堆芯状态参数、堆外核测仪表、堆芯出口温度分布等参数进行测量和记录。

全堆芯功率分布测量完毕后,通过插入调节棒组或功率补偿棒组将反应堆功率调整至零功率物理试验范围内。选定一束反应性当量最大的控制棒束,切除其他所有控制棒束的提升线圈的供电。

堆芯在此稳定临界状态下,按照应急加硼方式(约 3.5 t/h)进行硼化,用反应性仪进行跟踪测量,硼化期间逐段提升该控制棒棒束,以补偿加硼所引起的反应性变化,其测量方法与控制棒组价值测量原理相同。

当该棒束达到全提位置之前的适当时候(控制棒组价值约为 10pcm～20pcm),停止加硼,并充分搅拌以使冷却剂中的硼浓度均匀。在加硼和提棒过程中,需多次测量硼浓度(至少3 次)。

堆芯稳定后,再进行一次全堆芯功率分布测量。然后,通过插入调节棒组或功率补偿棒组将反应堆功率调整至零功率物理试验范围内。按照应急稀释方法(约 3.5 t/h)进行硼稀释。在硼稀释过程中,逐段下插该棒束,以补偿稀释引起的反应性变化,并用反应性仪进行跟踪测量。在该棒束达到全插位置之前的适当时候(控制棒组价值约 10pcm～20pcm),停止硼稀释,并充分搅拌。在稀释和插棒过程中,仍需多次测量硼浓度(至少 3 次)。伴随着搅拌,堆芯硼浓度下降,再逐段下插该棒束以维持堆芯临界状态。

然后,将所有控制棒组恢复线圈供电。控制棒以重叠方式恢复在零功率标定位置上,并维持堆芯的临界状态。最后,再进行一次硼浓度测量,并记录下该试验后的堆芯状态参数。这样,就完成了"模拟"弹棒试验。

"模拟"弹棒试验根据记录的反应性变化曲线,来计算控制棒束的积分和微分价值;根据堆芯功率分布测量,计算出在"弹棒"前、后堆芯的功率分布以及 F_Q、$F_{\Delta H}$ 等参数,看其是否满足安全准则。

第 9 章

"华龙一号"堆芯燃料管理简介

9.1 "华龙一号"简介

"华龙一号"是由中国两大核电企业中国核工业集团公司（简称中核）和中国广核集团（简称中广核）在我国 30 余年核电科研、设计、制造、建设和运行经验的基础上，根据福岛核事故教训反馈以及我国和全球最新安全要求，研发的先进百万千瓦级三代压水堆核电技术。

为满足我国核电"走出去"战略和自身发展需要，2013 年 4 月，中国国家能源局主持召开了自主创新三代核电技术合作协调会，中核和中广核同意在前期两集团分别研发的 ACP1000 和 ACPR1000$^+$ 的基础上，联合开发"华龙一号"。2014 年 8 月，"华龙一号"总体技术方案通过国家能源局和国家核安全局联合组织的专家评审。专家组一致认为，"华龙一号"成熟性、安全性和经济性满足三代核电技术要求，设计技术、设备制造和运行维护技术等领域的核心技术具有自主知识产权，是目前国内可以自主出口的核电机型，建议尽快启动示范工程。为此，两集团签署《关于自主三代百万千瓦核电技术"华龙一号"技术融合的协议》，联合开发了华龙一号核电型号。

作为中国核电"走出去"的主打品牌，在设计创新方面，"华龙一号"提出能动和非能动相结合的安全设计理念，采用 177 个燃料组件的反应堆堆芯、多重冗余的安全系统、单堆布置、双层安全壳，全面贯彻了纵深防御的设计原则，设置了完善的严重事故预防和缓解措施，其安全指标和技术性能达到了国际三代核电技术的先进水平，具有完整自主知识产权。"华龙一号"凝聚了中国核电建设者的智慧和心血，实现了先进性和成熟性的统一、安全性和经济性的平衡、能动与非能动的结合，"华龙一号"填补了中国国内技术空白，具备国际竞争优势。

目前，我国首座"华龙一号"福清核电厂已于 2020 年 11 月建成投产，后续采用"华龙一号"技术的核电项目也已经陆续开工建设，为我国核电技术"走出去"打下坚实的基础。

本章将以"华龙一号"的设计为例，介绍"华龙一号"的堆芯燃料管理及换料方案。

9.2 堆芯及燃料描述

9.2.1 堆芯

"华龙一号"的反应堆堆芯由 177 个 12 英尺（1 英尺＝0.3048 m）17×17 方形燃料组件（可采用 AFA3G、国产CF－1或者 STEP－12，以下简称燃料组件）组成，堆芯活性段高度（冷态）为 365.76 cm，等效直径为 323 cm，堆芯高径比为 1.133，平均线功率密度为 182.9 W/cm。

反应堆堆芯额定热功率为 3210 MW，运行压力为 15.5 MPa，一回路冷却剂总流量（最佳估算）为 76350 m³/h。堆芯参数如表 9-1 所示。

表 9-1　堆芯参数

堆芯参数	设计值
环路数	3
NSSS 系统额定热功率/MW	3220
堆芯额定热功率/MW	3210
燃料中释热份额/%	97.4
功率密度/(kW・L^{-1})	107.2
平均线功率密度/(W・cm^{-1})	182.9
额定流量（最佳估算）/(m³・h^{-1})	25450×3
旁流率（最佳估算）/%	4.4
一回路绝对压力/MPa	15.5
零功率反应堆冷却剂入口温度（最佳估算）/℃	291.7
满功率反应堆冷却剂入口温度（最佳估算）/℃	292.4
满功率反应堆冷却剂平均温度（最佳估算）/℃	310.0

反应堆共布置 69 束控制棒，分为控制棒组和停堆棒组（SA、SB、SC、SD），其中控制棒组又分为功率补偿棒组（G1、G2、N1、N2）和温度调节棒组（R）。控制棒在堆芯的布置如图 9-1 所示。

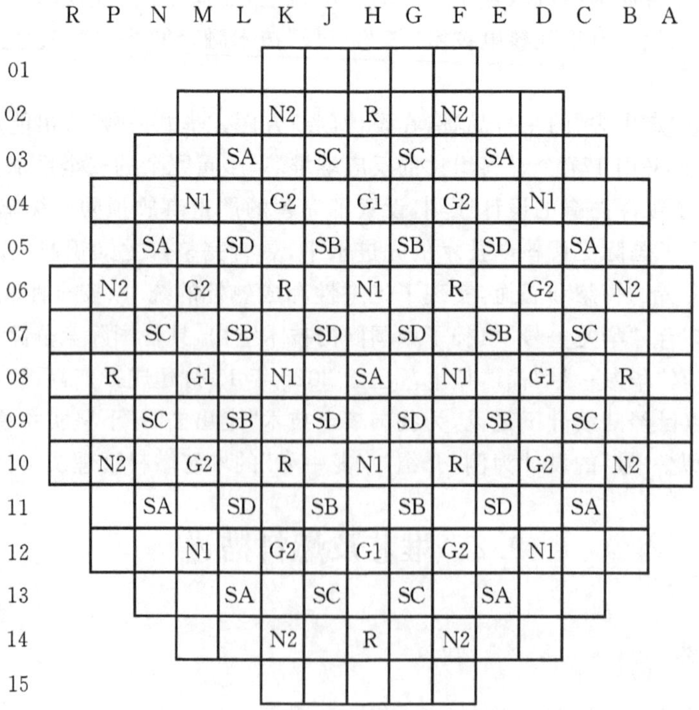

图 9-1　控制棒在堆芯的布置

堆芯采用硼酸溶液补偿堆芯燃耗等较慢的反应性变化,可采用富集硼酸或者天然硼酸,本章中同时给出 ^{10}B 丰度为 35% 的富集硼浓度和丰度为 19.9% 的天然硼浓度。

9.2.2 燃料组件

每个燃料组件包括 264 根燃料棒(部分燃料棒载有钆可燃毒物)、24 根锆合金材料的导向管(用以放置控制棒组件、中子源组件或阻流塞组件)和 1 根锆合金材料的仪表测量管,它们按 17×17 方阵排列成正方形栅格,共 289 个棒位。冷态时相邻燃料组件的中心距为 21.504 cm。

整个棒束沿高度方向设有 8 个定位格架和 3 个跨间搅混格架(Mid Span Mixing Grid, MSMG),燃料组件的主要特征如表 9 - 2 所示。

表 9 - 2 燃料组件参数(冷态)

组件参数	设计值
组件栅格规格	17×17
燃料组件中心距/cm	21.504
燃料棒中心距/cm	1.260
燃料活性段高度/cm	365.76
每个组件燃料棒数目	264
每个组件导向管数目	24
每个组件仪表测量管数目	1
每个组件端部的定位格架(不带搅混翼)数目	2(1 个在燃料活性段内)
每个组件的跨间搅混格架(MSMG)数目	3
每个组件带搅混翼的定位格架(Mixing Grid,MG)数目	6
导向管的外径/cm	1.245

在本燃料管理策略中,共使用了 7 种类型的燃料组件,分别由不同富集度的燃料和不同根数的载钆燃料棒(以下简称钆棒)组合而成。其中首循环 6 种,后续循环 7 种,分别描述如下。

(1)首循环。

① ^{235}U 富集度为 1.8% 的燃料组件:不含钆棒或含 4 根钆棒。

② ^{235}U 富集度为 2.4% 的燃料组件:含 4 根或 8 根钆棒。

③ ^{235}U 富集度为 3.1% 的燃料组件:不含钆棒或含 12 根钆棒。

(2)后续循环,包括过渡循环、平衡循环和灵活性循环。

^{235}U 富集度为 4.45% 的燃料组件:不含钆棒,含 4 根、8 根、12 根、16 根、20 根和 24 根钆棒。

图 9-2 给出了钆棒在组件中布置的示意图。

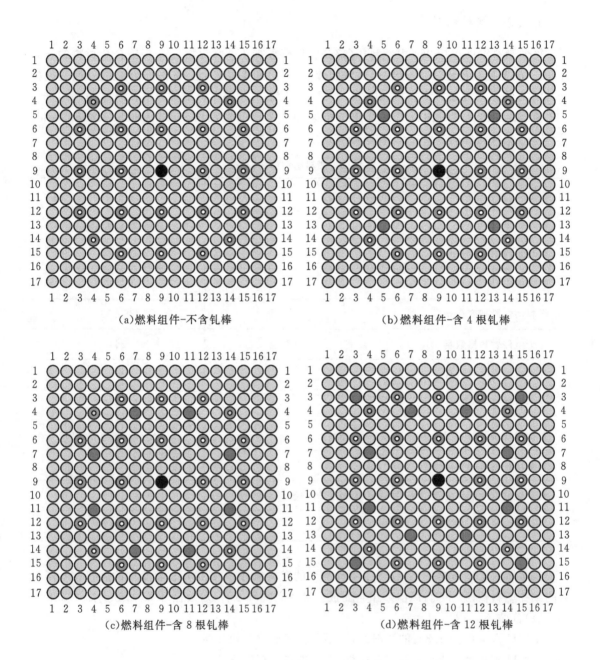

(a)燃料组件-不含钆棒　　　　　　　　(b)燃料组件-含 4 根钆棒

(c)燃料组件-含 8 根钆棒　　　　　　　　(d)燃料组件-含 12 根钆棒

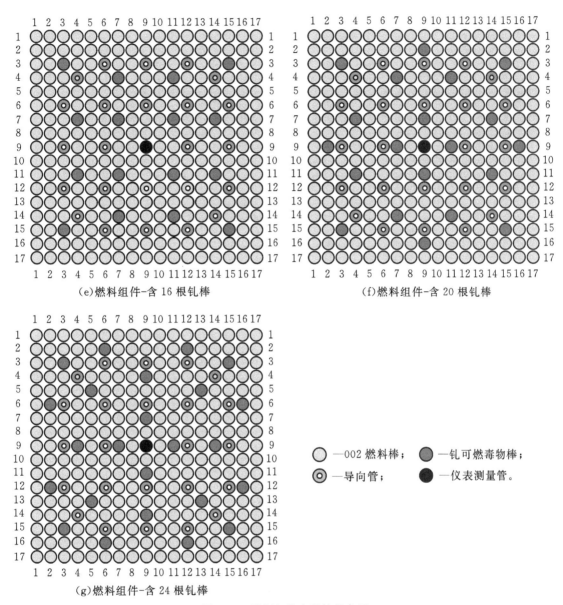

(e)燃料组件-含 16 根钆棒

(f)燃料组件-含 20 根钆棒

(g)燃料组件-含 24 根钆棒

○—002 燃料棒; ●—钆可燃毒物棒;
◉—导向管; ●—仪表测量管。

图 9-2 燃料组件中钆棒的布置

9.2.3 燃料棒

UO₂燃料棒由低富集度的 UO₂芯块装在锆合金管内构成,燃料棒内充以加压氦气。钆以 UO₂-Gd₂O₃混合氧化物芯块的形式装到锆合金包壳中形成毒物棒(钆棒)。除了芯块材料不同,钆棒与 UO₂棒有相同的总体设计。

在"华龙一号"燃料管理中,针对首循环和后续循环,其钆棒分别使用了两种类型的 UO₂-Gd₂O₃芯块。

(1)首循环。

①^{235}U 富集度:0.711%(天然铀);

②Gd_2O_3质量分数：9%。

（2）后续循环。

①^{235}U富集度：2.5%；

②Gd_2O_3质量分数：8%。

由于载钆芯块独特的物理性能，首循环钆棒中采用了较低富集度的^{235}U（0.711%），以避免载钆燃料棒在整个堆芯的燃耗寿期内成为"热棒"；在三种富集度的组件中采用同一种钆棒以利于燃料制造。

后续循环钆棒中采用富集度为 2.5% 的^{235}U。

表9-3 和表9-4 分别给出了UO_2燃料棒和钆棒的主要设计参数。

表 9-3　UO_2燃料棒参数（冷态）

燃料参数	设计值	
^{235}U富集度/%	首循环： 1.8、2.4、3.1	后续循环： 4.45
UO_2密度/(g·cm^{-3})	10.96	
芯块名义制造密度（理论密度的百分比）/%	95	
（碟形＋倒角）体积份额/%	1.604	
燃料芯块直径/cm	0.8192	
包壳外径/cm	0.950	
包壳厚度/cm	0.057	

表 9-4　钆棒参数（冷态）

燃料参数	设计值	
UO_2的理论密度/(g·cm^{-3})	10.96	
芯块名义制造密度（理论密度的百分比）/%	95	
Gd_2O_3的理论密度/(g·cm^{-3})	8.33	
Gd_2O_3的质量分数/%	首循环： 9	后续循环： 8
钆棒中^{235}U的富集度/%	首循环： 0.711	后续循环： 2.5

9.2.4　主要的设计依据和设计准则

为满足经济性和安全性的要求，对"华龙一号"堆芯燃料管理提出如下要求：

（1）首循环堆芯的循环长度：年度换料；

（2）平衡循环堆芯的循环长度：18 个月换料；

(3)平衡循环堆芯换料燃料组件的^{235}U 富集度:4.45%;

(4)燃料组件的燃耗限值:

①组件燃耗不超过 52 GW·d/tU;

②燃料棒燃耗不超过 57 GW·d/tU;

(5)$F_{\Delta H}\leqslant1.65$(包括 11.4%的不确定性);

(6)Ⅰ类工况 $F_Q\leqslant2.45$(包括 11.7%的不确定性);

(7)反应堆在各种功率水平下,慢化剂温度系数必须为负值或零,使堆芯具有负反应性反馈特性;

(8)停堆裕量>3300pcm。

9.2.5 燃料管理计算方法

本设计中,采用传统的"两步法"(详见第 5 章)进行燃料管理计算分析,该计算方法主要包括以下两种。

(1)组件计算:根据燃料组件的种类,对各类组件分别进行二维组件均匀化计算,具体包括共振计算、输运计算、燃耗计算等,最后根据获得的组件能谱进行群常数的归并,得到各种类型燃料组件的两群等效均匀化截面参数及不连续因子等。

(2)堆芯计算:采用节块法求解三维两群堆芯扩散方程,获得堆芯三维中子通量密度和功率分布,并利用单通道模型考虑热工水力反馈,求解宏观燃耗和 Xe、Sm 等裂变产物的微观燃耗方程,获得不同燃耗时刻点的功率与燃耗分布、临界硼浓度、$F_{\Delta H}$等重要参数。考虑到堆芯装载的对称性,为了减少计算量,堆芯建模采用 1/4 旋转对称方式。

9.3 首循环

9.3.1 简介

反应堆首循环堆芯燃料组件分三区装载,三区燃料组件数目分别为 73、56 和 48,对应的^{235}U 富集度分别为 1.8%、2.4%和 3.1%。最高富集度的组件置于堆芯外区,较低富集度的两种组件在堆芯内按近似棋盘式布置。

首循环堆芯采用钆棒作为可燃毒物吸收体,钆棒中^{235}U 的富集度为 0.711%,Gd_2O_3质量分数为 9.0%。在部分燃料组件中布置了 4、8 或 12 根钆棒,堆芯共使用钆棒 688 根。首循环的堆芯装载如图 9-3 所示。

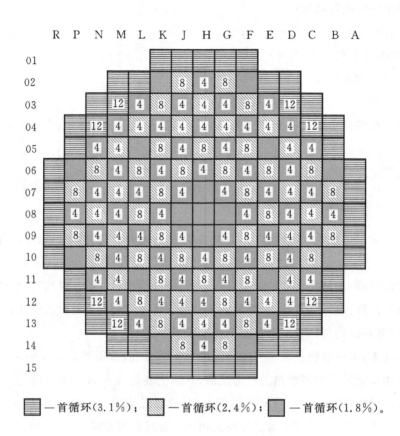

图 9 - 3　首循环堆芯装载方案

（图中数字表示该组件中含钆棒根数）

9.3.2　计算结果

首循环主要的计算结果如表 9 - 5 所示。

表 9-5 首循环主要计算结果

循环		首循环
循环长度	(EFPD)	327
	(MW·d/tU)	12912
^{235}U 富集度 1.8% 的组件	不含钆棒	17
	含 4 根钆棒	56
^{235}U 富集度 2.4% 的组件	含 4 根钆棒	20
	含 8 根钆棒	36
^{235}U 富集度 3.1% 的组件	不含钆棒	40
	含 12 根钆棒	8
卸料燃耗(GW·d/tU)^{235}U 富集度 1.8% 的组件	组件平均卸料燃耗	13.3
	组件最大卸料燃耗	14.5
临界硼浓度/ppm	BOL、HZP、ARO	620
	等效天然硼浓度	1111
	BLX、HFP、ARO	402
	等效天然硼浓度	721
最大 $F_{\Delta H}$(HFP、ARO,未考虑不确定性)		1.336
慢化剂温度系数(BOL、HZP、ARO)(未考虑不确定性)/(pcm/℃)		−0.2
BOL 停堆裕量/pcm		3659
EOL 停堆裕量/pcm		3911

注:BOL:Beginning of Life(寿期初);HZP:Hot Zero Power(热态零功率);ARO:All Rod Out(控制棒全提);BLX:Balance Xenon(平衡氙);HFP:Hot Full Power(热态满功率);EOL:End of Life(寿期末)。

首循环的径向功率及燃耗分布如图 9-4 到图 9-7 所示。

2　1.08 　　1.12 　　0 　　0	2　1.04 　　1.10 　　0 　　0	4　0.94 　　1.01 　　0 　　0	3　1.08 　　1.24 　　0 　　0	4　1.04 　　1.11 　　0 　　0	6　1.22 　　1.30 　　0 　　0	4　1.00 　　1.07 　　0 　　0	1　1.03 　　1.37 　　0 　　0
2　1.04 　　1.10 　　0 　　0	4　0.95 　　1.04 　　0 　　0	3　1.04 　　1.18 　　0 　　0	4　0.98 　　1.06 　　0 　　0	6　1.21 　　1.30 　　0 　　0	4　1.02 　　1.09 　　0 　　0	3　1.08 　　1.25 　　0 　　0	1　0.97 　　1.32 　　0 　　0
4　0.94 　　1.01 　　0 　　0	3　1.04 　　1.18 　　0 　　0	4　0.96 　　1.02 　　0 　　0	3　1.13 　　1.31 　　0 　　0	4　1.03 　　1.09 　　0 　　0	3　1.09 　　1.25 　　0 　　0	2　0.93 　　1.06 　　0 　　0	1　0.71 　　1.21 　　0 　　0
3　1.08 　　1.24 　　0 　　0	4　0.98 　　1.06 　　0 　　0	3　1.13 　　1.31 　　0 　　0	2　1.13 　　1.21 　　0 　　0	6　1.22 　　1.34 　　0 　　0	4　0.94 　　1.03 　　0 　　0	1　0.99 　　1.36 　　0 　　0	
4　1.04 　　1.11 　　0 　　0	6　1.21 　　1.30 　　0 　　0	4　1.03 　　1.09 　　0 　　0	6　1.22 　　1.34 　　0 　　0	4　0.96 　　1.07 　　0 　　0	5　0.98 　　1.33 　　0 　　0	1　0.66 　　1.10 　　0 　　0	
6　1.22 　　1.30 　　0 　　0	4　1.02 　　1.09 　　0 　　0	3　1.09 　　1.25 　　0 　　0	4　0.94 　　1.03 　　0 　　0	5　0.98 　　1.33 　　0 　　0	1　0.69 　　1.07 　　0 　　0		
4　1.00 　　1.07 　　0 　　0	3　1.08 　　1.25 　　0 　　0	2　0.93 　　1.06 　　0 　　0	1　0.99 　　1.36 　　0 　　0	1　0.66 　　1.10 　　0 　　0			
1　1.03 　　1.37 　　0 *　　0	1　0.97 　　1.32 　　0 　　0	1　0.71 　　1.21 　　0 　　0					

区域号
　　　循环燃耗
　　　组件燃耗
　　　最大功率
　　　组件功率
$F_{\Delta H}$所在位置

图 9-4　首循环堆芯功率与燃耗分布（BOL）

（临界硼浓度：565ppm（等效天然硼浓度 1014ppm））

2 1.16 1.21 162 162	2 1.12 1.19 156 156	4 0.99 1.07 141 141	3 1.11 1.27 162 162	4 1.05 1.12 156 156	6 1.21 1.30 184 184	4 0.98 1.06 150 150	1 0.98 1.30 154 154
2 1.12 1.19 156 156	4 1.02 1.12 143 143	3 1.09 1.25 157 157	4 1.01 1.08 147 147	6 1.22 1.30 182 182	4 1.02 1.09 153 153	3 1.05 1.23 162 162	1 0.92 1.26 145 145
4 0.99 1.07 141 141	3 1.09 1.25 157 157	4 0.99 1.06 144 144	3 1.14 1.32 169 169	4 1.04 1.10 154 154	3 1.09 1.26 164 164	2 0.92 1.05 140 140	1 0.69 1.17 106 106
3 1.11 1.27 162 162	4 1.01 1.08 147 147	3 1.14 1.32 169 169	2 1.14 1.22 170 170	6 1.21 1.34 183 183	4 0.93 1.03 141 141	1 0.96 1.33 148 148	
4 1.05 1.12 156 156	6 1.22 1.30 182 182	4 1.04 1.10 154 154	6 1.21 1.34 183 *183	4 0.95 1.06 143 143	5 0.95 1.31 147 147	1 0.64 1.06 98 98	
6 1.21 1.30 184 184	4 1.02 1.09 153 153	3 1.09 1.26 164 164	4 0.93 1.03 141 141	5 0.95 1.31 147 147	1 0.67 1.04 103 103		
4 0.98 1.06 150 150	3 1.05 1.23 162 162	2 0.92 1.05 140 140	1 0.96 1.33 148 148	1 0.64 1.06 98 98			
1 0.98 1.31 154 154	1 0.92 1.26 145 145	1 0.69 1.17 106 106					

区域号
循环燃耗
组件燃耗
最大功率
组件功率
$F_{\Delta H}$ 所在位置

图 9-5 首循环堆芯功率与燃耗分布(BLX)
(临界硼浓度:402ppm(等效天然硼浓度 721ppm))

2　1.10 1.13 8147 8147	2　1.12 1.17 7996 7996	4　1.15 1.21 7530 7530	3　1.27 1.32 8303 * 8303	4　1.14 1.21 7697 7697	6　1.18 1.25 8367 8387	4　0.93 1.02 6684 6684	1　0.79 1.06 6146 6146
2　1.12 1.17 7996 7996	4　1.13 1.20 7598 7598	3　1.26 1.32 8211 8211	4　1.16 1.22 7599 7599	6　1.25 1.32 8665 8665	4　1.05 1.14 7225 7225	3　0.98 1.13 7098 7098	1　0.75 1.03 5822 5822
4　1.15 1.21 7530 7530	3　1.26 1.32 8211 8211	4　1.16 1.22 7542 7542	3　1.26 1.32 8374 8374	4　1.10 1.19 7493 7493	3　1.09 1.21 7597 7597	2　0.82 0.96 6099 6099	1　0.57 0.95 4376 4376
3　1.27 1.32 8303 * 8303	4　1.16 1.22 7599 7599	3　1.26 1.32 8374 8374	2　1.13 1.20 8006 8006	6　1.17 1.26 8349 8349	4　0.93 1.04 6512 6512	1　0.82 1.14 6227 6227	
4　1.14 1.21 7697 7697	6　1.25 1.32 8665 8665	4　1.10 1.19 7493 7493	6　1.17 1.26 8349 8349	4　0.96 1.08 6672 6672	5　0.91 1.21 6551 6551	1　0.57 0.94 4195 4195	
6　1.18 1.25 8387 8387	4　1.05 1.14 7225 7225	3　1.09 1.21 7597 7597	4　0.93 1.04 6512 6512	5　0.91 1.21 6511 6511	1　0.62 0.97 4489 4489		
4　0.93 1.02 6684 6684	3　0.98 1.13 7098 7098	2　0.82 0.96 6099 6099	1　0.82 1.14 6227 6227	1　0.57 0.94 4195 4195			
1　0.79 1.06 6146 6146	1　0.75 1.03 5822 5822	1　0.57 0.95 4376 4376					

区域号
循环燃耗
组件燃耗
最大功率
组件功率
$F_{\Delta H}$所在位置

图 9-6　首循环堆芯功率与燃耗分布(7000 MW·d/tU)
临界硼浓度:252ppm(等效天然硼浓度 452ppm)

2 0.98 1.00 14221 14221	2 1.00 1.04 14217 14217	4 1.05 1.11 14025 14025	3 1.17 1.21 15567 15567	4 1.07 1.13 14261 14261	6 1.15 1.21 15303 15303	4 0.97 1.07 12334 12334	1 0.82 1.09 10882 10882
2 1.00 1.04 14217 14217	4 1.02 1.10 13939 13939	3 1.15 1.20 15391 15391	4 1.07 1.13 14234 14234	6 1.17 1.22 15857 15857	4 1.04 1.12 13433 13433	3 1.04 1.14 13126 13126	1 0.79 1.06 10346 10346
4 1.05 1.11 14025 14025	3 1.15 1.20 15391 15391	4 1.07 0.13 14171 14171	3 1.17 1.21 15612 15612	4 1.07 1.13 13941 13941	3 1.12 1.19 14191 14191	2 0.87 1.00 11094 11094	1 0.62 0.99 7840 7840
3 1.17 1.21 15567 15567	4 1.07 1.13 14234 14234	3 1.17 1.21 15612 15612	2 1.08 1.12 14527 14527	6 1.17 1.23 15271 15271	4 1.00 1.10 12204 12204	1 0.89 1.17 11227 11227	
4 1.07 1.13 14261 14261	6 1.17 1.22 15857 15857	4 1.07 1.13 13941 13941	6 1.17 1.23 15271 15271	4 1.04 1.13 12564 12564	5 1.07 1.28 12309 * 12309	1 0.66 1.04 7748 7748	
6 1.15 1.21 15303 15303	4 1.04 1.12 13433 13433	3 1.12 1.19 14191 14191	4 1.00 1.10 12204 12204	5 1.07 1.28 12309 * 12309	1 0.74 1.12 8432 8432		
4 0.97 1.07 12334 12334	3 1.04 1.14 13126 13126	2 0.87 1.00 11094 11094	1 0.89 1.17 11227 11227	1 0.66 1.04 7748 7748			
1 0.82 1.09 10882 10882	1 0.79 1.06 10346 10346	1 0.62 0.99 7840 7840					

区域号
循环燃耗
组件燃耗
最大功率
组件功率
$F_{\Delta H}$ 所在位置

图 9-7 首循环堆芯功率与燃耗分布(EOL)

(临界硼浓度:6ppm(等效天然硼浓度 10ppm))

首循环 HFP、ARO 下的硼降曲线及 $F_{\Delta H}$ 随燃耗的变化分别如图 9-8 和图 9-9 所示。

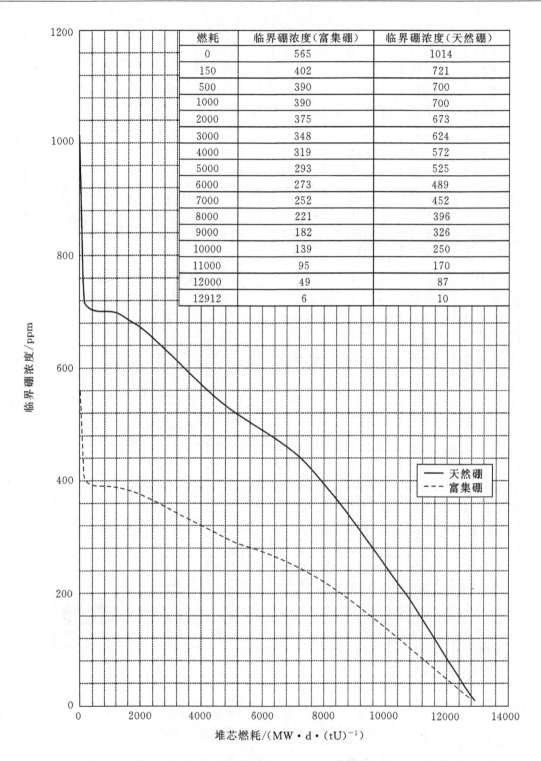

燃耗	临界硼浓度（富集硼）	临界硼浓度（天然硼）
0	565	1014
150	402	721
500	390	700
1000	390	700
2000	375	673
3000	348	624
4000	319	572
5000	293	525
6000	273	489
7000	252	452
8000	221	396
9000	182	326
10000	139	250
11000	95	170
12000	49	87
12912	6	10

图 9-8 首循环堆芯额定工况下临界硼浓度随燃耗的变化

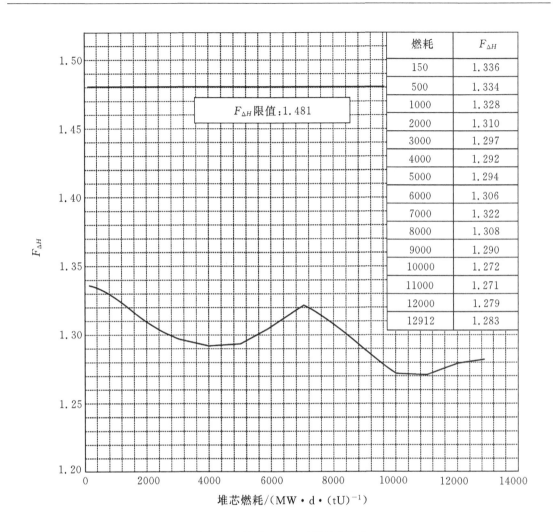

燃耗	$F_{\Delta H}$
150	1.336
500	1.334
1000	1.328
2000	1.310
3000	1.297
4000	1.292
5000	1.294
6000	1.306
7000	1.322
8000	1.308
9000	1.290
10000	1.272
11000	1.271
12000	1.279
12912	1.283

图 9-9 首循环 $F_{\Delta H}$ 随燃耗的变化

首循环在整个循环寿期内 HFP、ARO 状态下最大的 $F_{\Delta H}$ 为 1.336。堆芯燃耗为 12912 MW·d/tU,循环长度为 327EFPD。BOL、HZP、ARO 状态下慢化剂温度系数为 —0.2pcm/℃。寿期末的停堆裕量为 3911pcm,燃料组件最大卸料燃耗为 15.9 GW·d/tU,燃料棒最大卸料燃耗为 16.4 GW·d/tU。

9.4 过渡循环

9.4.1 简介

过渡循环是指从首循环到平衡循环之间的循环,为快速到达平衡,过渡循环数量要求尽量少,"华龙一号"过渡循环包括第二循环和第三循环。过渡循环的燃料管理策略如表 9-6 所示。

表 9 - 6　过渡循环燃料管理策略

批	^{235}U 富集度(Gd)	燃料组件数		
		首循环	第二循环	第三循环
1(a)	1.80%	17	8	
1(b)	1.80%(4)	56		
1(c)	2.40%(4)	20	20	
1(d)	2.40%(8)	36	33	1
1(e)	3.10%	40	36	32
1(f)	3.10%(12)	8	8	
2(a)	4.45%(4)		8	8
2(b)	4.45%(8)		16	16
2(c)	4.45%(12)		16	16
2(d)	4.45%(16)		28	28
2(e)	4.45%(20)		4	4
3(a)	4.45%(8)			24
3(b)	4.45%(16)			16
3(c)	4.45%(20)			32
循环长度	(EFPD)	327	425	496
	(MW · d/tU)	12912	16827	19672

第二循环使用了 72 组新燃料组件,第三循环使用了 72 组新燃料组件。

过渡循环新组件和平衡循环新组件的设计相同,新组件中的 UO_2 燃料棒的富集度为 4.45%。钆棒中 ^{235}U 的富集度均为 2.5%,Gd_2O_3 质量分数为 8.0%。

过渡循环的堆芯装载如图 9 - 10 到图 9 - 11 所示。

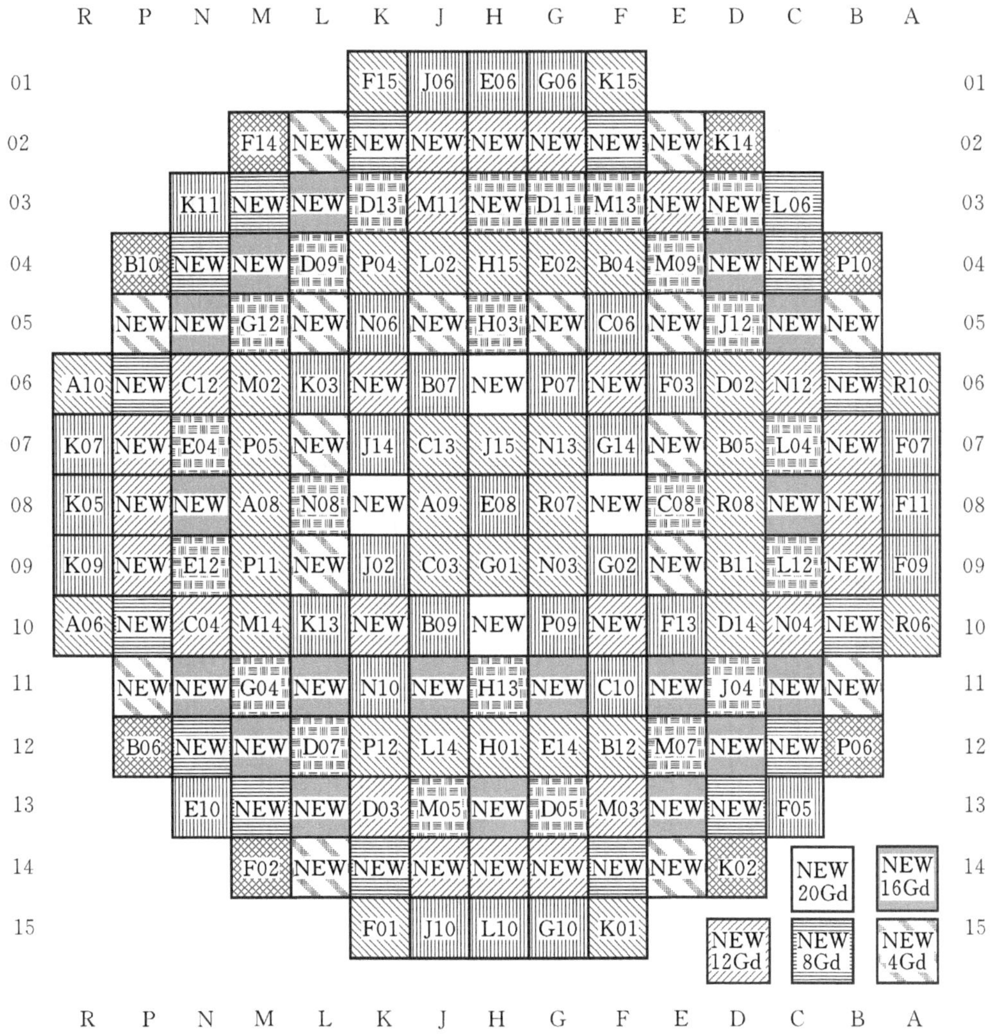

	R	P	N	M	L	K	J	H	G	F	E	D	C	B	A	
01						F15	J06	E06	G06	K15						01
02				F14	NEW	NEW	NEW	NEW	NEW	NEW	NEW	NEW	K14			02
03			K11	NEW	NEW	D13	M11	NEW	D11	M13	NEW	NEW	L06			03
04		B10	NEW	NEW	D09	P04	L02	H15	E02	B04	M09	NEW	NEW	P10		04
05		NEW	NEW	G12	NEW	N06	NEW	H03	NEW	C06	NEW	J12	NEW	NEW		05
06	A10	NEW	C12	M02	K03	NEW	B07	NEW	P07	NEW	F03	D02	N12	NEW	R10	06
07	K07	NEW	E04	P05	NEW	J14	C13	J15	N13	G14	NEW	B05	L04	NEW	F07	07
08	K05	NEW	NEW	A08	N08	NEW	A09	E08	R07	NEW	C08	R08	NEW	NEW	F11	08
09	K09	NEW	E12	P11	NEW	J02	C03	G01	N03	G02	NEW	B11	L12	NEW	F09	09
10	A06	NEW	C04	M14	K13	NEW	B09	NEW	P09	NEW	F13	D14	N04	NEW	R06	10
11		NEW	NEW	G04	NEW	N10	NEW	H13	NEW	C10	NEW	J04	NEW	NEW		11
12		B06	NEW	NEW	D07	P12	L14	H01	E14	B12	M07	NEW	NEW	P06		12
13			E10	NEW	NEW	D03	M05	NEW	D05	M03	NEW	NEW	F05			13
14				F02	NEW	NEW	NEW	NEW	NEW	NEW	NEW	NEW	K02			14
15						F01	J10	L10	G10	K01						15
	R	P	N	M	L	K	J	H	G	F	E	D	C	B	A	

图例：NEW 20Gd　NEW 16Gd　NEW 12Gd　NEW 8Gd　NEW 4Gd

图 9-10 第二循环堆芯装载方案

(注:中心组件 H08 位置的旧组件来自第一循环;其余旧组件来自第二循环。)

第三循环堆芯装载方案（图 9-11）

	R	P	N	M	L	K	J	H	G	F	E	D	C	B	A	
01						G12	M10	H07	D10	J12						**01**
02				A06	E14	NEW	NEW	NEW	NEW	NEW	L14	R06				**02**
03			J07	NEW	NEW	NEW	M03	H02	D03	NEW	NEW	NEW	G07			**03**
04		K15	NEW	NEW	L03	K02	F10	NEW	N08	F02	E03	NEW	NEW	F15		**04**
05		B11	NEW	N05	NEW	L09	NEW	L05	NEW	E09	NEW	C05	NEW	P11		**05**
06	D09	NEW	NEW	P06	G05	NEW	G14	NEW	J14	NEW	J05	B06	NEW	NEW	M09	**06**
07	F04	NEW	N04	H13	NEW	B09	H06	M04	F08	P09	NEW	K10	G04	NEW	K04	**07**
08	J08	NEW	P08	NEW	L11	NEW	M12	H11	D04	NEW	E05	NEW	B08	NEW	G08	**08**
09	F12	NEW	N12	F06	NEW	B07	K08	D12	H10	P07	NEW	H03	C12	NEW	K12	**09**
10	D07	NEW	NEW	P10	G11	NEW	G02	NEW	J02	NEW	J11	B10	NEW	NEW	M07	**10**
11	B05	NEW	N11	NEW	L07	NEW	E11	NEW	E07	NEW	C11	NEW	P05			**11**
12		K01	NEW	NEW	L13	K14	C08	NEW	K06	F14	E13	NEW	NEW	F01		**12**
13			J09	NEW	NEW	NEW	M13	H14	D13	NEW	NEW	NEW	G09			**13**
14				A10	E02	NEW	NEW	NEW	NEW	NEW	L02	R10				**14**
15						G04	M06	H09	D06	J04		NEW 20Gd	NEW 16Gd	NEW 8Gd		**15**
	R	P	N	M	L	K	J	H	G	F	E	D	C	B	A	

图 9-11　第三循环堆芯装载方案

9.4.2　计算结果

过渡循环主要的计算结果如表 9-7 所示。

表 9-7　过渡循环主要计算结果

循环		第二循环	第三循环
循环长度	(EFPD)	425	496
	(MW·d/tU)	16827	19672

循环			第二循环	第三循环
新组件的数量			72	72
^{235}U 富集度 4.45％的组件	含 4 根钆棒		8	—
	含 8 根钆棒		16	24
	含 12 根钆棒		16	24
	含 16 根钆棒		28	16
	含 20 根钆棒		4	32
卸料燃耗 (GW·d/ tU)-EOL	^{235}U 富集度 1.8％的组件	平均卸料 燃耗 经历 2 个循环	17.8	—
		平均卸料 燃耗 经历 3 个循环	—	—
		最大卸料燃耗	17.8	—
	^{235}U 富集度 2.4％的组件	平均卸料 燃耗 经历 2 个循环	28.6	30.7
		平均卸料 燃耗 经历 3 个循环	—	—
		最大卸料燃耗	32.0	30.7
	^{235}U 富集度 3.1％的组件	平均卸料 燃耗 经历 2 个循环	26.2	—
		平均卸料 燃耗 经历 3 个循环	—	32.2
		最大卸料燃耗	30.1	35.9
	^{235}U 富集度 4.45％的组件	平均卸料 燃耗 经历 2 个循环	—	42.0
		平均卸料 燃耗 经历 3 个循环	—	—
		最大卸料燃耗	—	44.8
临界硼浓度/ppm	BOL、HZP、ARO		979	1189
	等效天然硼浓度		1756	2132
	BLX、HFP、ARO		683	839
等效天然硼浓度			1225	1505
最大 $F_{\Delta H}$(HFP、ARO,未考虑不确定性)			1.453	1.446
慢化剂温度系数(BOL、HZP、ARO,未考虑不确定性)/(pcm·℃$^{-1}$)			−1.5	−0.7
EOL 停堆裕量/pcm			3529	3688

由过渡循环的方案设计及主要的计算结果可以看出,在第三循环时,堆芯已有 144 组^{235}U 富集度为 4.45％的燃料组件(堆芯总的燃料组件数为 177 组),循环长度达到了 496EFPD。第三循环新组件类型、数量及所处位置与平衡循环完全一致,旧组件布置方式类似,整个堆芯的特性已接近平衡循环。过渡循环的功率分布和燃耗分布从略。

过渡循环 HFP、ARO 下的硼降曲线及 $F_{\Delta H}$ 随燃耗的变化分别如图 9-12 和图 9-13 所示。

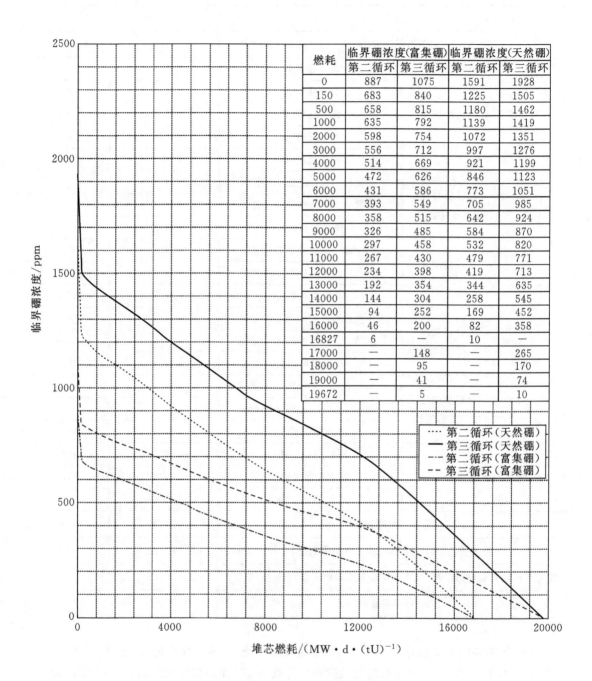

燃耗	临界硼浓度(富集硼)		临界硼浓度(天然硼)	
	第二循环	第三循环	第二循环	第三循环
0	887	1075	1591	1928
150	683	840	1225	1505
500	658	815	1180	1462
1000	635	792	1139	1419
2000	598	754	1072	1351
3000	556	712	997	1276
4000	514	669	921	1199
5000	472	626	846	1123
6000	431	586	773	1051
7000	393	549	705	985
8000	358	515	642	924
9000	326	485	584	870
10000	297	458	532	820
11000	267	430	479	771
12000	234	398	419	713
13000	192	354	344	635
14000	144	304	258	545
15000	94	252	169	452
16000	46	200	82	358
16827	6	—	10	—
17000	—	148	—	265
18000	—	95	—	170
19000	—	41	—	74
19672	—	5	—	10

图 9-12　过渡循环堆芯额定工况下临界硼浓度随燃耗的变化

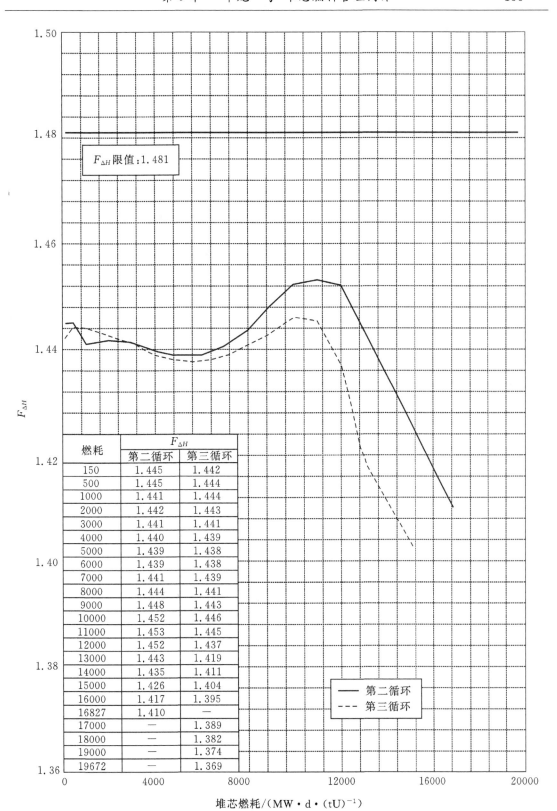

燃耗	$F_{\Delta H}$	
	第二循环	第三循环
150	1.445	1.442
500	1.445	1.444
1000	1.441	1.444
2000	1.442	1.443
3000	1.441	1.441
4000	1.440	1.439
5000	1.439	1.438
6000	1.439	1.438
7000	1.441	1.439
8000	1.444	1.441
9000	1.448	1.443
10000	1.452	1.446
11000	1.453	1.445
12000	1.452	1.437
13000	1.443	1.419
14000	1.435	1.411
15000	1.426	1.404
16000	1.417	1.395
16827	1.410	—
17000	—	1.389
18000	—	1.382
19000	—	1.374
19672	—	1.369

$F_{\Delta H}$ 限值:1.481

—— 第二循环
- - - 第三循环

堆芯燃耗/(MW・d・(tU)$^{-1}$)

图 9-13 过渡循环 $F_{\Delta H}$ 随燃耗的变化

第二循环在整个循环寿期内 HFP、ARO 状态下的最大 $F_{\Delta H}$ 为 1.453,循环燃耗为 16827 MW·d/tU,循环长度为 425EFPD,BOL、HZP、ARO 状态下慢化剂温度系数为 -1.5pcm/℃,寿期末的停堆裕量为 3529pcm,燃料组件最大卸料燃耗为 32.0 GW·d/tU,燃料棒最大卸料燃耗为 33.3 GW·d/tU。

第三循环在整个循环寿期内 HFP、ARO 状态下的最大 $F_{\Delta H}$ 为 1.446,循环燃耗为 19672 MW·d/tU,循环长度为 496EFPD,BOL、HZP、ARO 状态下慢化剂温度系数为 -0.7pcm/℃,寿期末的停堆裕量为 3688pcm,燃料组件最大卸料燃耗为 44.8 GW·d/tU,燃料棒最大卸料燃耗为 47.3 GW·d/tU。

9.5　平衡循环

9.5.1　简介

平衡循环的燃料管理策略如表 9-8 所示。

表 9-8　平衡循环燃料管理策略

批	^{235}U 富集度(Gd)	燃料组件数			
		平衡循环 X	平衡循环 $X+1$	平衡循环 $X+2$	平衡循环 $X+3$
N(a)	4.45%(8)	4			
$N+1$(a)	4.45%(8)	21	4		
$N+1$(b)	4.45%(16)	8			
$N+1$(c)	4.45%(20)				
$N+2$(a)	4.45%(8)	24	21	4	
$N+2$(b)	4.45%(16)	16	8		
$N+2$(c)	4.45%(20)	32			
$N+3$(a)	4.45%(8)	24	24	21	4
$N+3$(b)	4.45%(16)	16	16	8	
$N+3$(c)	4.45%(20)	32	32		
$N+4$(a)	4.45%(8)		24	24	21
$N+4$(b)	4.45%(16)		16	16	8
$N+4$(c)	4.45%(20)		32	32	
$N+5$(a)	4.45%(8)			24	24
$N+5$(b)	4.45%(16)			16	16
$N+5$(c)	4.45%(20)			32	32
$N+6$(a)	4.45%(8)				24
$N+6$(b)	4.45%(16)				16
$N+6$(c)	4.45%(20)				32

注:N 表示换料批次,X 表示循环数。

平衡循环采用 18 个月换料方案。平衡循环使用 72 组新组件,新组件中 UO_2 燃料棒中 ^{235}U 的富集度为 4.45%。钆棒中 ^{235}U 的富集度为 2.5%,Gd_2O_3 质量分数为 8.0%。平衡循环的堆芯装载如图 9-14 所示。

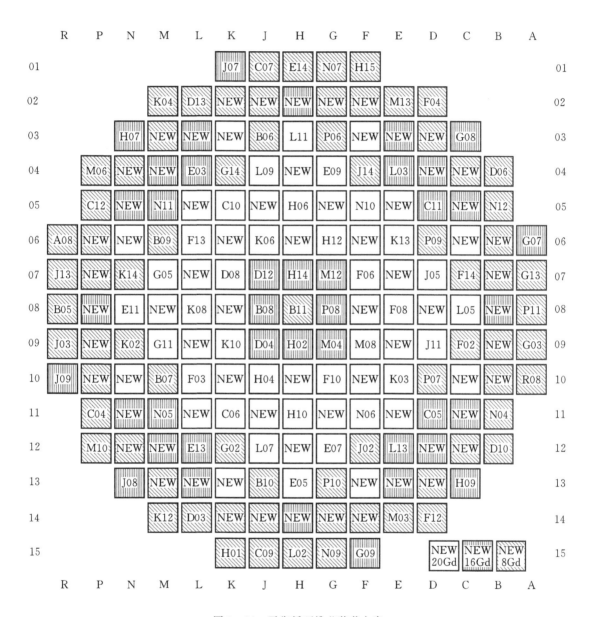

图 9-14 平衡循环堆芯装载方案

9.5.2　计算结果

平衡循环主要的计算结果如表 9-9 所示。

表 9-9　平衡循环主要计算结果

循环				平衡循环
循环长度	（EFPD）			474
	（MW·d/tU）			18790
新组件的数量				72
^{235}U 富集度 4.45% 的组件	含 8 根钆棒			24
	含 16 根钆棒			16
	含 20 根钆棒			32
卸料燃耗 （GW·d/ tU）-EOL	^{235}U 富集度 4.45% 的组件	平均卸料燃耗	经历 2 个循环	42.8
			经历 3 个循环	48.2
			经历 4 个循环	47.5
		最大卸料燃耗		49.7
临界硼浓度/ppm	BOL、HZP、ARO			1138
	等效天然硼浓度			2041
	BLX、HFP、ARO			784
	等效天然硼浓度			1405
最大 $F_{\Delta H}$（HFP、ARO，未考虑不确定性）				1.444
慢化剂温度系数（BOL、HZP、ARO，未考虑不确定性）/(pcm·℃$^{-1}$)				−3.3
72 组卸料组件平均卸料燃耗/(GW·d·(tU)$^{-1}$)				46.8
EOL 停堆裕量/pcm				3781

平衡循环的径向功率及燃耗分布如图 9-15 到图 9-18 所示。

2 0.95 0.97 32725 0	9 1.09 1.15 20922 0	7 1.21 1.40 0 0	8 1.18 1.22 23606 0	7 1.26 1.45 0 0	8 1.18 1.23 24489 0	6 1.12 1.38 0 0	2 0.43 0.73 32652 0
9 1.09 1.15 20922 0	9 1.08 1.13 23969 0	8 1.13 1.20 24178 0	7 1.25 1.44 0 0	8 1.17 1.22 24406 0	4 1.24 1.34 20028 0	5 1.20 1.46 0 * 0	2 0.39 0.72 41547 0
7 1.21 1.40 0 0	8 1.13 1.20 24219 0	7 1.23 1.42 0 0	8 1.17 1.22 24088 0	4 1.20 1.27 21578 0	7 1.24 1.44 0 0	5 1.07 1.41 0 0	3 0.29 0.64 41391 0
8 1.18 1.22 23606 0	7 1.25 1.44 0 0	8 1.17 1.22 24108 0	7 1.26 1.44 0 0	9 1.19 1.25 22966 0	6 1.17 1.40 0 0	4 0.68 1.16 19317 0	
7 1.26 1.45 0 0	8 1.17 1.22 24405 0	4 1.20 1.27 21551 0	9 1.19 1.25 22991 0	6 1.23 1.42 0 0	5 0.99 1.34 0 0	2 0.31 0.69 43020 0	
8 1.18 1.23 24489 0	4 1.24 1.34 19952 0	7 1.24 1.44 0 0	6 1.17 1.39 0 0	5 0.99 1.34 0 0	1 0.38 0.83 40307 0		
6 1.12 1.38 0 0	5 1.20 1.46 0 0	5 1.07 1.41 0 0	4 0.67 1.15 19277 0	2 0.31 0.69 42992 0			
2 0.43 0.73 32652 0	2 0.39 0.72 41477 0	1 0.29 0.64 43306 0					

区域号
循环燃耗
组件燃耗
最大功率
组件功率
$F_{\Delta H}$ 所在位置

图 9-15 平衡循环堆芯功率与燃耗分布（BOL）
（临界硼浓度：1020ppm（等效天然硼浓度 1828ppm））

2 0.98	9 1.11	7 1.21	8 1.18	7 1.25	8 1.18	6 1.11	2 0.44
1.00	1.17	1.41	1.22	1.44	1.23	1.36	0.74
32867	21086	181	23784	190	24666	168	32717
142	164	181	178	190	178	168	65

9 1.11	9 1.10	8 1.14	7 1.24	8 1.17	4 1.23	5 1.19	2 0.40
1.17	1.15	1.20	1.43	1.22	1.33	1.44	0.72
21086	24131	24348	187	24582	20214	180	41606
164	162	170	187	176	186	* 180	59

7 1.21	8 1.14	7 1.23	8 1.18	4 1.20	7 1.23	5 1.06	3 0.30
1.41	1.20	1.42	1.22	1.27	1.43	1.39	0.65
181	24389	185	24264	21757	187	160	41435
181	170	185	177	180	187	160	44

8 1.18	7 1.24	8 1.17	7 1.25	9 1.18	6 1.16	4 0.68
1.22	1.43	1.22	1.43	1.24	1.38	1.15
23784	187	24285	189	23144	175	19418
178	187	176	189	178	175	101

7 1.25	8 1.17	4 1.20	9 1.18	6 1.22	5 0.98	2 0.32
1.44	1.22	1.27	1.24	1.41	1.33	0.70
190	24581	21731	23169	185	148	43066
190	176	180	178	185	148	46

8 1.18	4 1.23	7 1.23	6 1.15	5 0.98	1 0.39
1.23	1.33	1.43	1.38	1.32	0.83
24666	20137	187	175	148	40365
178	186	187	175	148	57

6 1.11	5 1.19	5 1.06	4 0.68	2 0.32
1.36	1.44	1.39	1.15	0.69
168	179	160	19378	43038
168	179	160	101	46

2 0.44	2 0.40	1 0.30
0.74	0.72	0.65
32717	41535	43349
65	58	43

区域号
循环燃耗
组件燃耗
最大功率
组件功率
$F_{\Delta H}$所在位置

图 9-16 平衡循环堆芯功率与燃耗分布(BLX)

(临界硼浓度:784ppm(等效天然硼浓度 1405ppm))

2 0.86 / 0.87 / 42961 / 10236	9 1.00 / 1.06 / 32676 / 11754	7 1.28 / 1.41 / 13678 / 13678	8 1.16 / 1.20 / 36500 / 12893	7 1.31 / 1.43 / 14048 / 14048	8 1.06 / 1.11 / 36885 / 12397	6 1.09 / 1.27 / 12126 / 12126	2 0.46 / 0.71 / 37620 / 4968
9 1.00 / 1.06 / 32676 / 11754	9 1.00 / 1.06 / 35644 / 11675	8 1.10 / 1.17 / 36562 / 12384	7 1.34 / 1.44 / 14111 / 14111	8 1.10 / 1.16 / 36965 / 12559	4 1.11 / 1.16 / 32968 / 12939	5 1.12 / 1.31 / 12714 / 12714	2 0.41 / 0.69 / 46041 / 4494
7 1.28 / 1.41 / 13678 / 13678	8 1.10 / 1.17 / 36600 / 12381	7 1.33 / 1.44 / 13986 / *13986	8 1.13 / 1.18 / 36934 / 12746	4 1.13 / 1.18 / 34413 / 12835	7 1.31 / 1.43 / 13884 / 13884	5 1.06 / 1.32 / 11649 / 11649	3 0.32 / 0.62 / 44844 / 3453
8 1.16 / 1.20 / 36500 / 12893	7 1.34 / 1.44 / 14110 / 14110	8 1.13 / 1.18 / 36851 / 12742	7 1.34 / 1.44 / 14169 / 14169	9 1.15 / 1.19 / 35801 / 12835	6 1.25 / 1.42 / 13162 / 13162	4 0.72 / 1.12 / 27012 / 7695	
7 1.31 / 1.43 / 14048 / 14048	8 1.10 / 1.16 / 36963 / 12559	4 1.13 / 1.18 / 34384 / 12833	9 1.15 / 1.19 / 35818 / 12827	6 1.30 / 1.43 / 13806 / 13806	5 1.04 / 1.33 / 11091 / 11091	2 0.36 / 0.72 / 46747 / 3727	
8 1.06 / 1.11 / 36885 / 12397	4 1.11 / 1.17 / 32894 / 12943	7 1.31 / 1.43 / 13869 / 13869	6 1.25 / 1.42 / 13144 / 13144	5 1.04 / 1.32 / 11065 / 11065	1 0.43 / 0.83 / 44854 / 4547		
6 1.09 / 1.27 / 12126 / 12126	5 1.12 / 1.31 / 12697 / 12697	5 1.06 / 1.32 / 11601 / 11601	4 0.71 / 1.12 / 26951 / 7673	2 0.36 / 0.72 / 46707 / 3714			
2 0.46 / 0.71 / 37620 / 4968	2 0.41 / 0.69 / 45960 / 4483	1 0.32 / 0.62 / 46703 / 3397					

图例：
区域号
循环燃耗
组件燃耗
最大功率
组件功率
$F_{\Delta H}$ 所在位置

图 9-17 平衡循环堆芯功率与燃耗分布(11000 MW·d/tU)

(临界硼浓度:378ppm(等效天然硼浓度 677ppm))

2 0.86	9 0.98	7 1.25	8 1.11	7 1.28	8 1.05	6 1.16	2 0.52
0.87	1.04	1.34	1.15	1.35	1.09	1.29	0.78
49531	40307	23606	45363	24178	45106	20922	41391
16806	19385	23606	21756	24178	20617	20922	8739

9 0.98	9 0.98	8 1.06	7 1.29	8 1.06	4 1.10	5 1.16	2 0.47
1.04	1.02	1.12	1.36	1.12	1.15	1.30	0.75
40307	43306	44981	24406	45386	41547	21577	49439
19385	19337	20803	24406	20980	21519	21577	7892

7 1.25	8 1.06	7 1.28	8 1.09	4 1.09	7 1.30	5 1.10	3 0.37
1.34	1.12	1.36	1.13	1.13	1.38	1.30	0.68
23606	45017	24219	45505	43020	24108	20028	47510
23606	20798	24219	21417	21443	* 24108	20028	6118

8 1.11	7 1.29	8 1.09	7 1.29	9 1.11	6 1.26	4 0.76
1.15	1.36	1.13	1.36	1.16	1.38	1.11
45363	24405	45520	24489	44616	22991	32725
21756	24405	21412	24489	21650	22991	13408

7 1.28	8 1.06	4 1.09	9 1.11	6 1.29	5 1.07	2 0.40
1.35	1.12	1.13	1.16	1.37	1.30	0.76
24178	45384	42992	44629	23969	19317	49683
24178	20980	21442	21638	23969	19317	6663

8 1.05	4 1.10	7 1.30	6 1.26	5 1.07	1 0.48
1.09	1.15	1.38	1.38	1.30	0.85
45106	41477	24088	22966	19277	48386
20617	21526	24088	22966	19277	8079

6 1.16	5 1.15	5 1.09	4 0.76	2 0.40
1.29	1.30	1.30	1.11	0.76
20922	21551	19952	32652	49636
20922	21551	19952	13375	6643

2 0.52	2 0.47	1 0.36
0.78	0.75	0.67
41391	49349	49321
8739	7872	6015

区域号
循环燃耗
组件燃耗
最大功率
组件功率
$F_{\Delta H}$ 所在位置

图 9-18 平衡循环堆芯功率与燃耗分布(EOL)
(临界硼浓度:6ppm(等效天然硼浓度10ppm))

平衡循环 HFP、ARO 下的硼降曲线及 $F_{\Delta H}$ 随燃耗的变化分别如图 9 - 19 和图 9 - 20 所示。

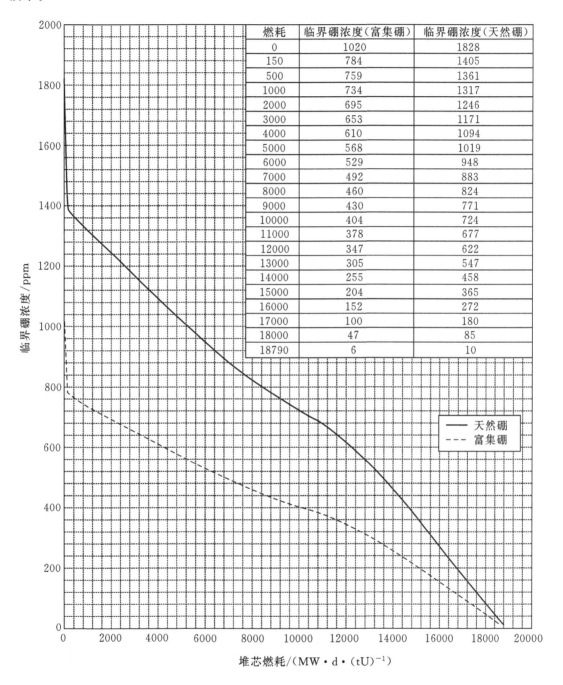

燃耗	临界硼浓度（富集硼）	临界硼浓度（天然硼）
0	1020	1828
150	784	1405
500	759	1361
1000	734	1317
2000	695	1246
3000	653	1171
4000	610	1094
5000	568	1019
6000	529	948
7000	492	883
8000	460	824
9000	430	771
10000	404	724
11000	378	677
12000	347	622
13000	305	547
14000	255	458
15000	204	365
16000	152	272
17000	100	180
18000	47	85
18790	6	10

图 9 - 19 平衡循环堆芯额定工况下临界硼浓度随燃耗的变化

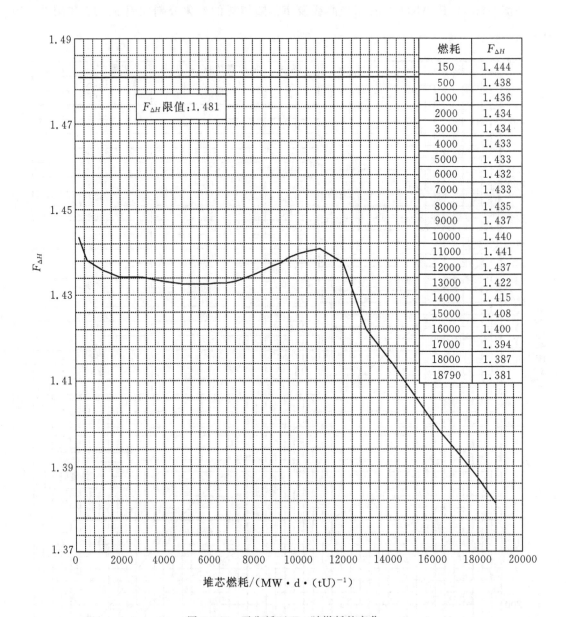

燃耗	$F_{\Delta H}$
150	1.444
500	1.438
1000	1.436
2000	1.434
3000	1.434
4000	1.433
5000	1.433
6000	1.432
7000	1.433
8000	1.435
9000	1.437
10000	1.440
11000	1.441
12000	1.437
13000	1.422
14000	1.415
15000	1.408
16000	1.400
17000	1.394
18000	1.387
18790	1.381

图 9-20　平衡循环 $F_{\Delta H}$ 随燃耗的变化

　　平衡循环在整个循环寿期内 HFP、ARO 状态下的最大 $F_{\Delta H}$ 为 1.444。平衡循环堆芯燃耗为 18790 MW·d/tU,循环长度为 474EFPD。平衡循环 BOL、HZP、ARO 状态下慢化剂温度系数为 -3.3 pcm/℃。平衡循环寿期末的停堆裕量为 3781pcm,燃料组件最大卸料燃耗为 49.7 GW·d/tU,燃料棒最大卸料燃耗为 53.6 GW·d/tU。

9.6 灵活性循环

9.6.1 简介

在"华龙一号"堆芯燃料管理策略里,考虑到核电站实际运行情况,如电网要求或者核电站大修等因素,要求堆芯燃料管理具有一定的灵活性。"华龙一号"基于平衡循环方案,进行了一定程度的灵活性研究,包括在平衡循环的后续循环里考虑±4 个新组件和±8 个新组件时堆芯特性的可能变化。

灵活性循环包括 S1、S2、L1 和 L2 共 4 个循环。灵活性循环的燃料管理策略如图 9 - 21 所示。

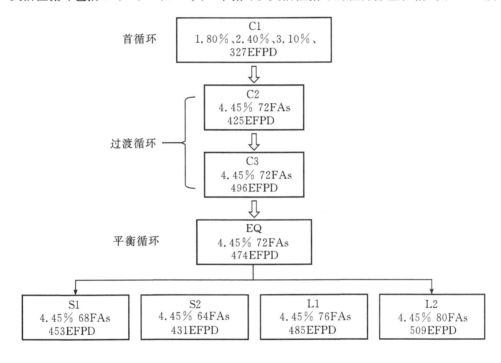

图 9 - 21 灵活性循环燃料管理策略

9.6.2 计算结果

灵活性循环主要的计算结果如表 9 - 10 所示。

表 9 - 10 灵活性循环主要计算结果

循环		S1 循环	S2 循环	L1 循环	L2 循环
循环长度	(EFPD)	453	431	485	509
	(MW·d/tU)	17945	17102	19249	20206
新组件的数量		68	64	76	80
^{235}U 富集度 4.45%的组件		68	64	76	80

循环				S1 循环	S2 循环	L1 循环	L2 循环
不含钆棒				—	—	8	—
含 4 根钆棒				16	8	—	—
含 8 根钆棒				8	8	24	24
含 12 根钆棒				12	12	—	—
含 16 根钆棒				32	12	16	16
含 20 根钆棒				—	12	28	40
含 24 根钆棒				—	12	—	—
卸料燃耗 (GW · d/(tU)) - EOL - EOL	^{235}U 富集度 4.45% 的组件	平均卸料燃耗	经历 2 个循环	41.9	41.2	43.7	42.6
			经历 3 个循环	49.8	49.4	47.3	48.1
		组件最大卸料燃耗		51.1	50.5	49.7	49.5
临界硼浓度/ppm	BOL、HZP、ARO			1208	1068	1186	1167
	等效天然硼浓度			2166	1915	2127	2093
	BLX、HFP、ARO			856	710	838	815
	等效天然硼浓度			1534	1273	1503	1461
最大 $F_{\Delta H}$(HFP、ARO,未考虑不确定性)				1.457	1.446	1.417	1.444
慢化剂温度系数(BOL、HZP、ARO) (未考虑不确定性)/(pcm · ℃$^{-1}$)				−1.4	−5.7	−1.8	−1.9
EOL 停堆裕量/pcm				3622	3440	3633	3721

9.7　小结

本章主要介绍了"华龙一号"堆芯燃料管理方案的设计和主要堆芯参数的计算结果。燃料管理方案的主要设计特点如下。

(1)首循环为年度换料,堆芯采用三区装载,采用钆作为可燃毒物。

(2)从第二循环开始,装入^{235}U 富集度为 4.45% 的新组件,实现了向 18 个月换料的快速过渡。

(3)平衡循环采用 18 个月换料。

(4)换料循环均实现了低泄漏堆芯装载。

(5)各循环的停堆裕量均满足设计要求。

(6)各循环的慢化剂温度系数均满足设计要求。

(7)各循环 HFP、ARO 状态下的 $F_{\Delta H}$ 均满足设计要求。

(8)各循环燃料组件的最大燃耗和燃料棒的最大燃耗均满足设计要求。

核电站实际运行时,无论是首堆还是换料堆芯,堆芯燃料管理策略都需要进行安全评价予以确认。